TAILORING TECHNIQUES
AND CULTURE OF BAIKUYAO

白裤瑶服饰技艺与文化

周少华◎著

U0389248

科学出版社

北京

内 容 简 介

本书以白裤瑶（瑶族支系）传统服饰技艺与文化为主题，从族群生存智慧下的服饰形成、生命记忆中的服饰技艺经验、服饰传统与民族文化等方面构建、再现了该族群源远流长的历史与卓越的生存智慧。全书详述白裤瑶传统服饰技艺与文化，并配有数百幅相关服饰技艺构成方法图片，读者可以从中了解白裤瑶传统服饰承载的深厚族群历史文化，较为准确地理解与掌握白裤瑶传统服饰技艺与文化精髓。

本书可作为服饰研究者、学习者和爱好者的参考用书。

图书在版编目（CIP）数据

白裤瑶服饰技艺与文化/周少华著 . 一北京：科学出版社，2019.3

ISBN 978-7-03-060815-4

Ⅰ. ①白… Ⅱ. ①周… Ⅲ. ①瑶族 – 民族服饰 – 服饰文化 – 研究 – 中国

Ⅳ. ①TS941.742.851

中国版本图书馆CIP数据核字（2019）第045989号

责任编辑：杜长清　余训明 / 责任校对：何艳萍

责任印制：徐晓晨 / 封面设计：铭轩堂

编辑部电话：010-64033934

科 学 出 版 社 出版

北京东黄城根北街 16 号

邮政编码：100717

http://www.sciencep.com

北京建宏印刷有限公司 印刷

科学出版社发行　各地新华书店经销

*

2019年3月第 一 版　开本：720×1000　B5

2019年10月第二次印刷　印张：11 3/4

字数：230 000

定价：99.00元

（如有印装质量问题，我社负责调换）

前　言

本书以白裤瑶（瑶族支系）服饰技艺与文化为主题，从族群生存智慧下的服饰形成、生命记忆中的服饰技艺经验、服饰传统与民族文化等方面建构、再现了该族群源远流长的历史与卓越的生存智慧。

白裤瑶先民是该族群服饰文化的先行者与创造者，在服饰材料方面，以超乎想象的智慧探索和实施了完整巧慧的纺织、染整工艺过程。白裤瑶服饰中的蚕丝布、自织布不只是客观外在的物质罗列，它渗透着温馨的人文意象。在服饰色彩方面，白裤瑶服饰有着独特的文化建构与表达方式，它既是物理层面的又是心理层面的，既是神话的又是现实的，如尚赤尚黑尚白，以黑、白、橙红等为主色调配搭其他自然色彩获得独特的意味，形成厚重的民族历史演进与文化演义符号要素；在服饰图案方面，通过人物、动物、植物等涵盖不同层面，既自成格局又彼此呼应的散点体系组成女性背部"井型""田型"骨骼纹样，男性裤腿上的"五根花柱"纹样等，看似简单的轮廓积淀了厚重微妙的社会情调与人生意味；在服装款式方面，男性像雄鸡一般穿着色彩斑斓的上衣配搭过膝白裤，女子漏侧身贯头衣配搭百褶裙，美不胜收，活态的服饰文化风貌被联合国教科文组织认定为"民族文化保存最为完整"的"人类文明的活化石"；在服饰穿戴方面，盛装、常服将服饰与民俗、生活融合到细致精微的程度。相对于常服，盛装更是显示出了有别于其他民族服饰的独特属性，它将白裤瑶人的民族情怀从民族愿景层面装饰得井井有条，成为体现白裤瑶族群文化必不可少的文化符号之一。

  本书涉及的方面较广，由于笔者水平有限，书中难免存有问题与错误，还请广大读者在阅读后能积极批评指正！

目　录

白裤瑶是瑶族的一个支系，因男子穿齐膝白裤得名为"白裤瑶"，主要聚居在我国广西壮族自治区南丹县八圩、里湖瑶族乡和贵州省荔波县瑶山瑶族乡一带。受历史承袭及交通闭塞等多方因素影响，白裤瑶族群在服饰、婚恋、葬丧、娱乐等方面仍保留了其原始的民俗习惯。因此，联合国教科文组织认定白裤瑶为"民族文化保留最完整的一个族群"，是"人类文明的活化石"。

第一节　瑶族支系——白裤瑶

瑶族是中国最古老的民族之一，广泛分布在亚、欧、美等各大洲。民族主体在中国，居住分布以广西为主，辐射湖南、广东、云南、贵州和江西等省（自治区）的 130 多个县。瑶族名称比较复杂，有自称 28 种，他称近 100 种。有的自称为"勉"（"人"的意思），也有的自称为"布努""金门""瑙格劳""拉珈""炳多优""唔奈""藻敏"等。按照语言、习俗和信仰等方面的差异，瑶族大体上可以划分为：讲勉语的盘瑶支系，又称瑶语支系；讲苗瑶语族苗语支的布努瑶（包括布努瑶、白裤瑶、花蓝瑶、花瑶和部分红瑶），又称苗语支系；讲壮侗语族侗水语支的茶山瑶和那溪瑶支系，又称侗水语支系。瑶族历史悠久，远在两千多年前春秋战国时期瑶族先民"荆蛮"就有"秦汉时为长沙武陵蛮"之说。[①]
南北朝时期，存在于中国南方的瑶族开始被称为"莫徭"，"莫徭"是史籍中对瑶族最早的称谓。瑶族是一个不断迁徙的民族，早期生活形态是以刀耕火种、游耕生活为主，他们保持着居住分散、生产力发展程度不一的民族特性。

白裤瑶主要居住在贵州省荔波县与广西壮族自治区河池市和南丹县毗连地区。贵州省的白裤瑶居住在荔波县瑶山瑶族乡，以及捞村乡洞烘、拉用两村，

①　《瑶族简史》编写组. 瑶族简史 [M]. 南宁：广西民族出版社，1983：12.

翁昂乡洞常村等区域；广西壮族自治区的白裤瑶居住在南丹县八圩、里湖瑶族乡和大厂镇，河池市金城江区侧岭乡、拔贡镇等地。在瑶族大环境里，白裤瑶是瑶族的支系之一，由于分布区域不同，有着不同的自称和他称，例如：贵州荔波瑶山瑶族乡的白裤瑶自称"瑙格劳"，广西河池、南丹等地的白裤瑶自称"挪"（也有文献称之为"东挪""白挪""多努""多漏"等，"挪"释为"人"的意思）。

第二节　生存环境与生存智慧

从地理位置上看，白裤瑶位于广西壮族自治区南丹县与贵州省荔波县毗连地区的广西西北边陲、云贵高原南麓，境内东部地势海拔 800～1000m，西部地势海拔 500～800m，地形结构呈起伏不平、丘陵过渡的斜坡地带；有更基坡、龙上坡、更郎坡、类根坡、更龚坡、坡偏巴山、母映山及大沙岭八大山峰，高山连绵起伏，峰峦重叠（图 1-1）。

图 1-1　白裤瑶生存环境

从地貌结构上看，白裤瑶聚居区地貌主要以岩溶地貌结构为主，山多平地少呈现岩山、溶洞、石林、谷地间杂，"三分石头一分土"的特征。土地土质为薄层黄色石灰石和石卡石黄灰土，贫瘠而不易保水。水田耕地仅占全部耕地面积的8%，全乡旱地面积占耕地总面积70%以上。从地理气候状况上看，白裤瑶属中亚热带型季风温润气候，年平均气温为16～19℃；最冷天气在12月至1月，平均气温在6～10℃，最低温度为1～4℃；最热6月至8月，平均气温为25～28℃，最高温度为41～44℃。年降雨量1100～1300mm以上，降水时间多集中在4月至6月。

白裤瑶最为密集的人口居住地位于广西壮族自治区南丹县八圩瑶族乡和里湖瑶族乡。八圩瑶族乡位于南丹县境东南部，总面积496.2km²。过去，乡内有十个圩场，八圩排列第八，故称八圩。截至2002年底，总人口20 822人，其中瑶族占44%。里湖瑶族乡地处云贵高原东南缘的尾端，南丹县境东部与贵州省荔波县交界处，总面积383.75km²。截至2000年，总人口17 659人，其中瑶族占67%。白裤瑶农业生产以种植玉米、水稻、旱谷、小米、红薯等农作物为主，养牛、养鸡、养猪、养蚕、纺织等副业是农民的主要经济来源。时至今日，他们仍然深居在生态环境比较恶劣的高山密林区域，过着刀耕火种、自给自足的封闭式狩猎生活，保存着母系氏族社会向父系氏族社会过渡的远古遗风。

一、"油锅"组织

白裤瑶有一种独特的组织——"油锅"（他称）。从性质上讲，"油锅"是同一血缘为纽带的宗族组织，白裤瑶的"油锅"组织主要由以血缘关系为纽带的父系家族组成，属同姓同族的内部人员组成。这个组织的规模有大有小，小至三五户，大至三四十户；由父系中有威信的长者作为头人，按照"油锅"内的传统规约来组织生产生活、主持宗教仪式、调解纠纷等。白裤瑶"油锅"组织有着不成文的规定，即"油锅"内成员根据传统习俗，遵守共同的禁忌、道德，履行共同的对内、对外义务，分享共同的利益和权利，如果成员有困难大家一起帮助，确保共同搞好发展；"油锅"组织还利用集体的力量、智慧保护本族人不被外界排挤或受外界的歧视[1]。白裤瑶的"油锅"组织具有以下两个功能：第一，生产管理功能，即通过"油锅"组织成员之间的相互帮助制度来解决劳动力不足的问题。第二，规范和协调功能。"油锅"组织在长期的发展过程当中形

---

① 刘莉.白裤瑶铜鼓文化的传承与保护研究[D].广西民族大学，2006.

成了很多传统规约来规范和协调组织内成员的行为和关系，如以诚待人、孝敬父母、不许偷盗等，通过这些规约维持良好的社会秩序。白裤瑶的"油锅"组织是白裤瑶社会在长期生存、生产实践过程中形成的一种习惯。它伴随着族群历史发展，凭借内部的团结一心，步调一致，成为共同寻求族群生存与发展强大的力量整体。

二、铜鼓文化

铜鼓是白裤瑶族群生活中象征权威的器物之一（图1-2）。它源于一种打击乐器，后用于战争时刻中擂鼓助战。"欲相攻，则鸣此鼓，至者如云；有鼓者，号为都老，群情推服"说的就是临战状态两军对阵时，通过擂鼓使战士们兴奋，以鼓起他们奋起杀敌的勇气，铜鼓又成为战争中举足轻重的助战灵魂工具。在白裤瑶，铜鼓同样是其族群权威的象征，富有的标志，通神的"重器"，所有"油锅"成员都把铜鼓视为神灵、传家宝。作为"油锅"头人权力的象征工具，白裤瑶的

图1-2　白裤瑶铜鼓

铜鼓由"油锅"头人掌管。民国《河池县志》上记载："南丹土州，……地方多古代铜鼓。凡遇年节及婚丧等事，皆击铜鼓，并挝革鼓以和之，击鼓者多瑶人，击必跳舞。多数以次轮击，每三通，辄饮酒呼喝以为礼。"[1] 白裤瑶在过去的对敌作战时，用以发号施令抵抗敌人；生活中民俗节日、砍牛祭丧必打铜鼓，意即祈祷平安，迎送祖先，安抚神灵……启用铜鼓时，"油锅"头人带领族人们一起举行庄严的请送铜鼓仪式，以敬铜鼓神威。

白裤瑶的铜鼓文化负载着白裤瑶族群的价值取向，影响着白裤瑶人的生活方式，成为白裤瑶自我认同的凝聚力拢聚工具。白裤瑶人把村寨、家族或宗族所共有的铜鼓视为本社区的标志，看到它的特殊形制，听到它发出的乐声，就会想到自己是这个集体的一员而产生归属感。社会学家曾指出：在未分化（或分化程度不高）的社会里，常常需要依靠宗教权威来解释其习惯法规或民间规

---

① 刘智英. 白裤瑶铜鼓文化及其变迁研究 [D]. 广西民族大学，2007.

约。昔日生活在各自小天地的居民们，通过信奉其幻想中的神灵来保持认同感，成为巩固社区成员凝聚力的重要方法。由于白裤瑶没有文字，不会使用"集体"这样的名词或类似的抽象符号来进行概括及表达，于是就使用一种具体器物来作为表达集体感情、维系族群心理的象征物。因此，铜鼓就成为该民族表达集体感情、维系族群心理的象征物工具。^①

三、白裤瑶的粮仓

走进白裤瑶村寨，最能吸引人眼球的莫过于"存储物资的粮仓"。白裤瑶粮仓依山势而建，像一座座标志性建筑分布在村寨中，高低错落、三五成群，茅草盖顶、立柱架空、圆形或方形，是白裤瑶村寨中一道亮丽的风景线。笔者在南丹白裤瑶地区考察时真真切切地感受到了白裤瑶人关于管理粮仓的智慧。白裤瑶人粮仓一般不建在家中，而建在家的旁边或者建在离家很远的山坡上。粮仓造型独特，由立柱与储存仓两个部分构成，储存仓四周用竹篱笆围成圆形或方形，顶上盖以茅草，立柱掩埋于土中。仓体与每根木柱与贮存库底部之间的接触部分分别用一个外表十分光滑的，高约 35cm、直径约 30cm 的椭圆形的陶罐或者废弃的铁锅倒扣在柱顶上与贮存库隔离起来，或者用铁皮包裹立柱的顶端。整个粮仓直径约 2m，高约 2.5m，并开有一小门，形如帐篷（图 1-3）。

为什么要把粮仓建在离家很远的地方，而不把财产放在身边呢？为什么要设法把立柱和仓体隔起来呢？通过白裤瑶人的介绍，笔者感叹白裤瑶人在生活中的智慧。白裤瑶粮仓有极强的实用性与重要性。首先粮仓容积大，可以轻易存放一个家庭的粮食，同时，粮仓的作用不仅是贮存粮食，在过去由于家居房屋很简陋，大部分家庭都用粮仓来保管和珍藏最贵重的东西，粮仓的外面还可以挂晒家畜的冬粮，如玉米叶、红薯藤等。其次，粮仓具有防潮、防鼠害等功能。为了完好地保存粮食及其他物品，保持干燥尤为重要。瑶族粮仓用四柱支撑，脱离地面，从而隔绝了地面水气的侵蚀。粮仓顶部铺以厚实的茅草，四周用木板紧密搭建，起到了极好的防雨作用。将陶罐或铁锅倒扣在立柱顶部或用铁皮包裹立柱顶端，这样可以有效地防止狡猾的老鼠沿着木柱攀爬进粮仓偷吃粮食、损坏生产生活资料。再次，瑶族粮仓选址讲究。白裤瑶的粮仓不会建在家里，大多将粮仓建在村寨旁、房屋外，有的甚至建在远离村寨的山间。白裤瑶人民之所以没有像其他许多民族那样把粮仓同房屋建在一起，一是出于防火

---

① 刘智英. 白裤瑶铜鼓文化及其变迁研究 [D]. 广西民族大学，2007.

图 1-3　白裤瑶的粮仓

的考虑，二是出于方便生产的考虑。最后，白裤瑶的粮仓全部建于村旁户外，无人看管，更无须加锁具，从这一点我们就可以看出白裤瑶社会内部的清平安定，古朴单纯，无贼无盗，道不拾遗，夜不闭户，古风古俗，至今未泯。此外，除了储藏功能之外，粮仓下面的空间俨然成了一个凉亭，从而也成了瑶族老少互相传授、切磋、学习服饰技艺的好地方，所以粮仓也成了一个具有传承教育意义的场所。

　　笔者也从当地部门了解到，里湖、八圩等地降水量较高，雨热同季，地质偏肥，地区水文也不算差，但是由于岩溶注地山区的地貌特点，白裤瑶地区也有对水资源开发利用方面最不利的各种因素，所以该地区极度缺水。同时地貌情况复杂，以岩溶地貌为主，岩山、溶洞、石林、谷地间杂其中，仅有小块平坝，山地多而平地少，有"九山一土"之说。白裤瑶地区耕地面积少而分散，因此对经济作物的发展很不利，粮食得来不易，就显得弥足珍贵，所以对粮食及财产的存储就格外用心。在反复的经验积累中，白裤瑶人创造了粮仓这一极具艺术性与功能性且有别于其他形式的存储工具。粮仓不只是一种存储容器，更是寄托了白裤瑶人对有限生活物资的珍惜、对艰苦生活的希望。

四、白裤瑶丧葬文化

白裤瑶的丧葬礼俗古老而传统，文化内涵丰富且独具地域特色。丧葬场面壮观、隆重，葬礼仪式主要由报丧、击鼓造势、砍牛祭祀、跳猴棍舞、长队送葬、长席宴客六大步骤组成。每逢家中老人过世，"油锅"组织就会去舅舅家报丧。为表示对逝者的尊重与哀痛，通常会击鼓造势为其送葬，砍牛祭祀（图1-4），一边敲打木鼓和铜鼓，一边跳着像猴子攀援、爬树的猴棍舞（图1-5）。之后两组沙枪队及亲朋、村民送故人上山下葬（图1-6）。完毕后，主人家设长桌宴宴请送葬的人群（图1-7）。

图1-4 砍牛送葬

在白裤瑶丧葬仪式中，生与死的转化观念有着十分明晰的体现。白裤瑶认为，人的肉体有一个从生到死的过程，而灵魂却是不会死亡的，它与生者之间仍然维持着原有的社会关系。因此，在葬礼中随处可见连接生者与死者、关于生命的象征符号。通灵的"鬼师""铜鼓""开路""牛""择吉日""祭品"等符号在其仪式中体现得尤为明显。这些符号的"意义世界"体现了白裤瑶对死的沉淀与关照。在他们的日常生活中，也有很多关于自然和山神的崇拜，人们在日常行为中都会考虑到神灵的意志，认为如果侵犯神灵的尊严就会受到惩罚。在这种人有灵魂观念的支配下，白裤瑶不再把死亡看得恐怖，因为他们知道生是上天的恩赐、死是神灵的决定。于是他们转而把生的欲望寄托于死后的继续生活，把对现实世界中的美好憧憬安排在来世的鬼魂世界中。人死之后，经过活人的超度、神灵的点化得以重生，开始另一种意义上的生存。这也正体现了白裤瑶对生命终极价值的关怀，生者与死者之间在"存在"与"此在"之间对话，继而对生命价值有了立体的认识。

图 1-5　白裤瑶猴棍舞

图 1-6　送葬人群

图 1-7　长桌宴

　　葬礼是族群认同的维系与凝聚。白裤瑶是山地民族，长期生活在深山密林之中，世代过着"过了一山又一山"的游耕生活。现在虽已转为定居农耕的生活方式，但是丧葬仪式仍代代传承下来。"在适应自然与社会群体的过程中，条件越是艰难，越是低下，就越需要借助集体的团结性、民族的向心力，甚至氏族的血缘关系来求得发展，这一点是显而易见的。"① 这实际上是以血缘和地缘关系构成的一种社会关系，是一种集体意识的表征。在白裤瑶丧葬仪式中，都需砍牛祭祖，如果当年没有钱买牛，便会等凑够了钱来年或者几年后再举行这个仪式，让生者和死者都能共同参与到这个集体行动中来，至今为止，从没有人不遵守这个秩序。这种丧葬仪式是"象征性的、表演性的、由文化传统所规定的一整套行为方式。它可以是神圣的也可以是凡俗的活动，这类活动经常被功能性地解释为在特定群体或文化中沟通（人与神之间、人与人之间）、过渡（社会类别的、地域的、生命周期的）、强化秩序及整合社会的方式"② 。这样的集体意识和行动加强了族群的认同感和凝聚力，维系了族群的社会功能，个人的精神需要得到极大的满足。

葬礼仪式还是对孝道观念的继承与发扬。在以"油锅"为组织的家族内部，把维系宗族血缘和群体感情的孝的观念确定为普遍性的伦理模式。白裤瑶丧葬祭祀活动是强化、导入"劝孝行善"传统道德教育和维护血缘宗族社会关系的有力手段。丧葬仪式作为尊敬、缅怀祖先为核心的仪式，不仅体现了社会群体的文化心理意识，而且对整个社会的精神生活产生了广泛的影响。通过祭祀活动，族群的各种知识和伦理规则等直观、生动地传授给年轻一代，加强了宗族内部成员思想情感的联系，从而增强了内部凝聚力。

第三节　服饰文化

白裤瑶是一个由原始社会生活形态直接跨入现代社会生活形态的族群。由于长期的山居封闭环境避免了族群在自然演变中与其他民族接触所产生的文化渗透与同化，这种社会环境造就了白裤瑶独立的民族文化意识，从而保留了自己的族群特征，其服饰即是这种文化审美意识中的重要留存。清代《庆远府志》就对白裤瑶服饰形制及穿着状态有过详细的描述："瑶人居于瑶山，男女皆蓄发，男青短衣，白裤草履，女花衣花裙，短齐膝……不独衣裳不相连，而前胸后背，

---

① 张诗亚. 祭坛与讲坛——西南民族宗教教育比较研究 [M]. 云南：教育出版社, 1992：256-257.
② 郭于华. 仪式与社会变迁 [M]. 北京：社会科学文献出版社, 2000：1.

左右两袖，俱各异体，着时方以钮子联之，真异服也……瑶人素不著履，其足皮皱厚，行于棱石丛棘中，一无所损。"①服饰可以说是白裤瑶族群审美中最有特色的文化形态，也是其区别于其他族群最直接的标志。

据白裤瑶生态博物馆《瑶山语录》记载，相传白裤瑶的祖先在远古时代是用芭蕉叶和树皮包裹身体进行生活与劳作的，但是芭蕉叶很容易朽坏，他们只能不停换新。后来不知经过了多少年，有一天人们突然在死者"拉桶娃勇"的葬礼上看到了穿着衣服的姐弟俩"朴"和"拉肉"。这时人群骚动了，他们围着姐弟俩一直观看，随着围观人群的增多，姐弟俩的衣服也被扯破了。后来"朴"和"拉肉"告诉人们，他们捡到了一个做生意人弄掉的棉花种子之后拿去种植，等到收获棉花后就开始学习纺纱、织布、染布、制衣，自此白裤瑶进入到了用棉布遮羞取暖的时代。

地域差异对于服饰的构成往往有着重要的影响，最为明显突出的就是北方的宽袍大袖和南方的窄衣窄袖。对于早期服饰根本在于其功用性价值。《淮南子·氾论训》中有"伯余之初作衣也，緂麻索缕，手经指挂，其成犹网罗；后世为之机杼胜复，以便其用，而民得以掩形御寒"的记载，可见服装最早是因其功能而存在。《淮南子·齐俗》中也提到"古者，民童蒙不知东西，貌不羡乎情，而言不溢乎行，其衣致暖而无文"。可见服装的功能性先于文化性存在，先致暖，后有纹饰。服装始终是适应人类生存而产生、演变形成了现在的样子，特别是传统民族服装，几乎所有的稳固传承的服装形态都有其实用性价值。在一定程度上可以说是自然选择了服装，特定地域的自然环境决定了人类穿着与之相适应的服装形制，尤其是在自然条件恶劣、物资贫乏的地区和生产力不发达的时期，一切从功用性、从环境的适应性出发才能得以世代传承。就犹如达尔文的"特异性选择"理论，自然选择了生命力更为顽强的物种，自然也会选择更适应自然环境更为实用的服装形制。②白裤瑶作为山居族群，在大石山区长期迁徙，山高路陡、干旱艰险、物质匮乏。恶劣的自然条件加上粗放的农耕经济，他们必须靠采集与狩猎来补充生活所需，服饰自然也要与环境相适应，便于在山地劳作，便于蹬高坡狩猎。白裤瑶男子狩猎是极有名的，只要一发现野兽，就非追到为止，因而其短裤加绑腿，最便于狩猎者行走如飞。女子裙子就为短裙，短裙加绑腿是山地环境创造的特色民族服饰。女子衣服和男子衣服既敞露又厚实，与桂西北石山地区所处于云贵高原和华南平原过渡带所形成的既

① 李文琰. 庆远府志（卷十）[M]. 河池市地方志办公室点校. 南宁：广西人民出版社，2009：263.
② 伍鑫. 中国南方少数民族服饰结构考察与整理 [D]. 北京服装学院，2012.

冷又热的气候有关系。①

　　白裤瑶服饰有着巨大的生存力量。在各民族服饰交流、互浸十分频繁的今天，白裤瑶服饰与近邻和社会仍十分"格格不入"，它的独特魅力仍"固执"地突出耸立在社会生活当中。白裤瑶服饰十分古老，记录了白裤瑶的远古文化意识和独有的文明形式，形成了自己的民族符号。②白裤瑶服饰的特点，可以用这么两句话来概括："及膝白裤，背绣大印。""背绣大印"和"五根花柱"相传与白裤瑶祖先的斗争史与迁徙有关，是他们民族的文化记忆与民族认同感的集中表现。关于"背绣大印"和"五根花柱"的符号指的是什么；与白裤瑶历史与文化又有什么关联性，后文将详细叙述。总之，白裤瑶民族至今还保留着自己的族群（服饰）形象身份，与该族群的文化在相当长的历史时期内以"族群内"封闭式的自我习俗为主导意识有关。"油锅"组织、丧葬习俗等独特的文化事项中服饰的情感表达主要反映了白裤瑶人的集体意志和凝聚力，从而维系了族群的稳定与长久的发展。

　　白裤瑶服饰形制为上衣下裳制，具体服饰形象要素包括衣与饰两大部分，成年男、女和儿童的穿着都是上衣、裤子（裙子）搭配头饰、腰饰与腿饰等。男童随成年男子花衣穿着形制，女童随成年女子穿着贯头衣穿着形制；头戴童帽，腰间系带，腿上绑布装饰（童帽有银帽、花帽、黑帽三种，男童只戴银帽、花帽）。成年男子服饰有三种形制，即花衣、盛装、黑衣。花衣与黑衣都是不分季节在日常生活中穿着的上衣，黑衣搭配相对花裤略简单的白裤穿着，花衣则可任意搭配花裤或略简单的白裤穿着。盛装上衣是在重大节日时穿着的服装，盛装上衣配花裤穿着，有时候花衣也出现在盛装的场合，是由于盛装上衣难于制作，不便清洗，再者因为经济条件的制约，许多人不舍得穿着盛装上衣，因此在一些并非十分隆重的节日时也穿着花衣。成年女子服饰同样有贯头衣、盛装、黑衣三种形制。黑衣是冬季穿着的上衣，贯头衣是不分季节可在日常生活中穿着的上衣，盛装上衣同样是重大节日时穿着的服装，贯头衣、盛装、黑衣三种形制搭配相同款式的百褶裙造型。成年男女的服饰配饰有头饰、腰饰、腿饰等，从头到脚分别为包头巾、吊花、腰带、针筒、绑腿（未婚男女无头饰）。一套完整的服饰需要经过自种、自织、自纺、自画、自染、自绣等多道程序，耗时一年左右才能完成。白裤瑶服饰衣装款式虽然单一，但衣着与配饰受当地社会环境、生活、审美等诸多因素影响，形成了具有明显地域符号特色的、丰

　　① 温远涛. 白裤瑶服饰文化的意义与象征 [J]. 河池学院学报（哲学社会科学版），2006，26（01）：112-115.
　　② 温远涛. 白裤瑶服饰文化的意义与象征 [J]. 河池学院学报（哲学社会科学版），2006，26（01）：112-115.

富多彩的衣饰文化风景线。时至今日，白裤瑶仍将传统服饰作为日常服饰穿着之选，服饰整体保持着较为完整的传统特色。

一、男子服饰

白裤瑶男子的花衣、黑衣、盛装形象分别由上衣、裤子和配饰等要素组成，三种形制的上衣都以黑色为主调，造型是立领对襟无纽扣。花衣、盛装上衣款（花衣上衣为单层造型，盛装上衣为多层造型）形制结构相同，色彩均为蓝、黑两种颜色，即：在领子、门襟、袖口、前后片衣摆处皆有4指宽（约6cm）的蓝色布块镶边；后背衣摆中心、两侧衣摆处有开衩；用作镶边的蓝色布块在两侧缝开衩、后中开衩处包边折叠成两翼造型；后片下摆、后衩包边上以橙红色、黑色丝线刺绣"米"字纹的图案装饰。另一种上衣为纯黑色调，即黑衣（一种颜色），是单层对襟短衣，矮立领造型且领子本布包边，门襟与领连接处用橙红色丝线包边绣制，用长为1拃＋0.5指长（约20cm）的花边作为门襟装饰，衣片前胸两侧各用白色丝线绣制长方形装饰图案，后幅中线齐股处有一个长4指宽（约6cm）的"八"字形开衩。男子服饰裤子有两种形制，除装饰纹样有区别外，造型尺寸，结构完全相同。花裤搭配盛装，相对花裤略为简单的白裤则搭配黑衣，穿着花衣时两种裤子都可以搭配穿着。裤子腰宽5拃（约80cm），裤裆呈三角形造型，裤腿长过膝盖处结束。据当地瑶民介绍，最原始的男子服饰裤子其实有三种形制存在，可在实际的田野考察中我们都只发现了两种形制的裤子。瑶民解释说：早期流传着一种牛头裤（牛头裤的裤头阔，裤裆深，裤管宽，因季节而有长短之分），是瑶民农忙或打猎的时候穿着的裤子，由于这种裤子过于简陋单一，装饰极少，缺乏美感，已经在生产生活中逐渐淡出了人们的视野。现在白裤瑶地区只有两种裤子形制还广为流传，其一是白裤，这种裤子是最常见的白裤瑶裤子样式，制作方法上依旧沿袭了传统的工艺方法，三片折角合缝，裤裆宽大，裤脚较窄，长度及膝，在裤脚部位装饰黑色装饰条，黑色装饰条以自制黑色土布为原料，裁剪折叠后，在黑布的周边绣缝上一圈红线，再在裤脚装饰条宽的三分之一处另绣一条花线，完成白裤制作。白裤便于农忙和狩猎时穿，且制作方法较为简便，因此成为白裤瑶人日常劳作生活中穿着最为普遍的样式。其二便是花裤，花裤和白裤形制一致，区别在于裤脚的黑色装饰条变成了彩色刺绣装饰条，且裤腿处绣有"五根花柱"纹样。"五根花柱"的绣制是在裤片未缝合之前完成的，在田野考察过程中经常可以看到白裤瑶妇女把一块方形的白布卷起来，从预留裤脚装饰条以上的位置着手绣制"五根花柱"图案，每绣一部分就把卷着的白布向下放出一段距离，等绣完一片后，将绣好的裤片卷起存放，继续绣制另外一片。在刺绣花柱图案的过程中，关于针距、线迹长短等问题，熟练的妇人在刺绣过程中用眼睛便可控制调整，或是用放在针筒里的竹条、草木秸等当地常用的测量工具测量，更有妇人直接从地上捡起任意一段材料做成"尺子"（参照物）。绣完"五根花柱"后，还要绣制两条装饰在裤脚上的装饰条（即白裤的黑色裤脚装饰条绣满图案）。绣完之后便是缝制，花裤的缝制方法和白裤相同，裤片缝制完成后将装饰条缝制在裤脚上，就完成了一条花裤。花裤在以前是作为陪葬品的形式存在，体现了"亡者为大"的思想，表达对死者的崇敬与哀悼，后来随着生活条件的改善，一些富裕的瑶民开始把花裤作为重大节日或集会中的盛装装扮。近些年来，这种裤子开始流行于白裤瑶的生活之中，主要在婚宴、葬礼或者一些重大节庆时穿着。

（一）男子花衣

如图1-8所示，男子花衣是由上衣、裤子、包头巾（婚后男子开始盘髻）、腰带、大绑布、小绑布、绑腿带等形象要素组成。上衣为单层造型，色彩为

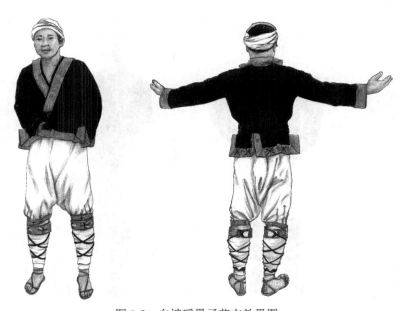

图1-8　白裤瑶男子花衣效果图

蓝、黑两种颜色，在领子、门襟、袖口、前后片衣摆、后中开衩、侧缝开衩处皆有4指宽（约6cm）的蓝色布块镶边；后片下摆、后中开衩包边上刺绣橙红色、黑色丝线"米"字纹的装饰图案。裤子为白色自织棉布裁缝而成，长度至膝盖处，由两块4拃（约64cm）长、3拃（约48cm）宽的（纵向纱向）布和一块4拃（约64cm）长、3拃（约48cm）宽的（横向纱向）布组成裤身结构，裤腿、裤口部位有绣花纹样装饰。包头巾长7拃+1指长（约120cm）、宽1.5指长（约12cm），白色包头巾螺旋式包紧在头部。黑腰带由长10拃（约160cm）、宽1拃+1指长（约24cm）的黑布包光布边缝制而成。下肢小腿处装饰大小绑布且在靠近膝盖位置绑1对绑腿带，将绑带绳向下交叉缠绕在小腿上。

（二）男子黑衣

如图1-9所示，男子黑衣由上衣、裤子、包头巾、腰带、大绑布、小绑布、绑腿带组成。上衣为单层对襟短衣，短衣有袖子但没有纽扣，门襟与领子的连接处用橙红色丝线包边绣制成长1拃+0.5指长（约20cm）的花边作为门襟装饰，前片（前胸）左右片用白色丝线绣制长1.5cm、宽2cm的长方形纹样装饰图案，立领较为低矮、纯黑色调，黑衣双侧开衩、后中开衩造型。裤子为白色自织棉布裁缝而成，长度至膝盖处。裤子造型是由两块4拃（约64cm）长、3拃

图1-9　白裤瑶男子黑衣效果图

（约 48cm）宽的（纵向纱向）布和一块 4 拃（约 64cm）长、3 拃（约 48cm）宽的（横向纱向）布组成衣身结构，裤口部位有绣花纹样装饰。包头巾长 7 拃 +1 指长（约 120cm）、宽 1.5 指长（约 12cm），白色包头巾螺旋式包紧在头部。腰带又称黑腰带，长 10 拃（约 160cm）、宽为 1 拃 + 1 指长（约 24cm）的黑布包光布边缝制而成；无吊花装饰。下肢小腿处装饰大小绑布且在靠近膝盖位置绑一对绑腿带，将绑带绳向下交叉缠绕在小腿上造型。

（三）男子盛装

如图 1-10 所示，男子盛装形象由上衣、裤子、包头巾、花腰带、吊花、大绑布、小绑布、绑腿带组成。上衣为四层结构（衣身造型外层最短，向内依次层层增加长度，袖子外层最长，向内依次层层减短长度），款式视觉具有丰富的层次感，立领的对襟上衣没有纽扣，主色彩为黑色搭配浅蓝色出现，后背衣摆中心、两侧有开衩，浅蓝色布块在领襟、门襟、袖口、前后片衣摆、后背衣摆开衩、两侧开衩处镶边，后中开衩、后背下摆包边（多层）布上刺绣橙红色、黑色丝线"米"字纹装饰图案；裤子为白色自织棉布裁缝而成，长度至膝盖处，

图 1-10　白裤瑶男子盛装效果图

由两块 4 拃（约 64cm）长、3 拃（约 48cm）宽的纵向纱向布，以及一块 4 拃（约 64cm）长、3 拃（约 48cm）宽的横向纱向布组成裤身结构，裤腿、裤口部位有绣花纹样装饰。婚后男子盘髻用的包头巾长 7 拃 +1 指（约 120cm）、宽1.5 指长（约 12cm），白色包头巾螺旋式包紧在头部后，再用一条长 10 拃（约160cm）、宽 1 拃 +1 指长（约 24cm）的黑布顺折后盘绕在白色包头巾的外侧造型。男子盛装腰带又称花腰带，是白裤瑶民族服饰中一种不可替代的装饰物，花腰带为长 10 拃（约 160cm）、宽 1 拃（约 16cm）的白布绣花三等分折叠缝制而成。吊花是装饰在男子盛装上衣的饰物，是通过丝线编绳，将银片、天然树果（薏苡）、玻璃球等穿制而成，将绳子的一头固定在盛装上衣领子后中（长度以下摆齐为准）与上衣连接装饰。大绑布长 10 拃（约 160cm）、宽 1 拃＋1 指长（约24cm）。小绑布长 8 拃（约 128cm）、宽约 1 指长 +1 指宽（约 10cm）。绑腿带长2 拃 +1 指长（约 40cm）、宽 4 指宽（约 6cm），依次靠近脚踝至膝盖处平行缠绕排列造型。

二、女子服饰

白裤瑶女子的贯头衣、黑衣、盛装形象分别由上衣、裙子和配饰要素组成，三种形制上衣都以黑色为主调。贯头衣、盛装上衣形制结构相同，色彩都为黑、蓝两种颜色，无领无袖贯头衣上衣为单层造型，盛装上衣为多层造型。

在白裤瑶，每个成年女子与成年男子一样，从十几岁时（身高接近成人）便会有一套其母亲或自己制作的全套服饰，这个时期的白裤瑶女子平时生活、劳作穿上贯头衣、黑衣，到了节日、婚典就换上母亲或自己缝制的精致整齐的盛装迎接幸福。贯头衣由前幅、后幅、连衣袖三部分组成，长度刚到裙腰，腋下无扣，两侧亦不缝合，仅肩角处相连，上部正中留口不缝合，贯头而入；胸前是块与肩宽相等的长方形黑色方布，无图案无镶边，背后是一块与前幅等宽的有蜡染图案的正方形蓝黑色绣花布，下摆处用 4 指宽（约 6cm）的蓝布镶边，蓝布镶边上饰有"米"字纹图案，前后幅的两侧都缝有一条黑色的布环，布环宽约 1 指长（约 9cm），其周长比前幅、后幅的长度之和还要略长一些。另一种上衣为纯黑色调即黑衣（冬衣，一种颜色），双层对襟短衣，有袖子但没有纽扣，领子顺衣身色彩为黑色矮立领造型，前门襟领口连接处用橙红色丝线包边绣长 1拃（约 16cm）的花边为袋口装饰。白裤瑶女子不管身着什么服装都会配搭百褶裙，裙子不分冬夏简盛，以黑、蓝两色相间，配以橙、黄蚕丝布及红色丝线刺绣花边作为装饰图案，裙前交合处有一块挡布，可遮挡百褶裙的接缝，也可起到美观装饰的作用。女子服饰配饰部分有包头巾、吊花、腰带、针筒、绑腿等配饰物。

（一）女子贯头衣

如图 1-11 所示，白裤瑶女子贯头衣整体服饰形象是由上衣、百褶裙、包头巾、腰带、针筒、裙遮片、大绑布、小绑布、绑腿带组成。上衣前片为单层结构。百褶裙不分冬夏简盛，以黑、蓝两色相间配橙、黄蚕丝边，裙片下摆处缝合红色刺绣裙边托作为裙底装饰，裙前交叉处配一块挡布遮挡百褶裙的接缝。包头巾为黑色，长约 3 拃（约 48cm），宽约 2 拃 +0.5 指长（约 36cm），包光布边后对折，从前额往后包裹头发，最后将两条白色带子从后往前自左向右平绕两周，布条尾部扎在左前额部位。女子腰带为长 10 拃（约 160cm）、宽 1 拃（约 16cm）的黑布折叠而成。女子贯头衣形象中腰间还装饰有一个针筒，它不光起装饰作用，同时用来装绣花针便于手工劳作。下肢小腿处装饰大小绑布，且装饰一双绑腿带在小腿的中间位置，将绑带绳重叠缠绕在绑腿带上方。

图 1-11 白裤瑶女子贯头衣效果图

（二）女子黑衣

如图 1-12 所示，女子黑衣（冬衣）装由上衣、百褶裙、包头巾、腰带、裙遮片、大绑布、小绑布、绑腿带组成。上衣为双层对襟短衣有袖子无纽扣，与衣身同色的立领造型低矮，双边门襟与领子的连接处用橙红色丝线包边绣长 1 拃（约 16cm）的花边作为袋口装饰。百褶裙、包头巾、女子腰带、裙挡片布、大绑布、小绑布、绑腿带造型及穿戴方法与贯头衣基本相同。

图 1-12　白裤瑶女子黑衣效果图

（三）女子盛装

如图 1-13 所示，女子盛装由上衣、百褶裙、包头巾、腰带、裙遮片、吊花、针筒、大绑布、小绑布、绑腿带组成。上衣前片、袖子各为双层，后片为三层结构，外层的较短，里层的较长，款式视觉层次感丰富。百褶裙不分冬夏简盛，以黑、蓝两色相间配橙、黄蚕丝边，裙片下摆处缝合红色刺绣裙边托作为裙底装饰，裙前交叉处配一块挡布遮挡百褶裙的接缝。吊花长约 4 拃（约 64cm），通过丝线编绳，将银片、天然树果（薏苡）、玻璃球等穿制装饰在后片腰间部位。针筒是白裤瑶女子用来装绣花针的"盒子"，装饰在白裤瑶女子盛装的腰部，是白裤瑶女子不可缺少的手工劳作的工具，由筒套、筒芯用绳子穿制而成。百褶裙、包头巾、女子腰带、大绑布、小绑布造型及穿戴方法与贯头衣基本相同。绑腿带在女子贯头衣的穿戴基础上由一双增加至四双，绑腿带依次靠近脚踝至膝盖处平行缠绕排列造型。

图 1-13　白裤瑶女子盛装效果图

三、儿童服饰

（一）男童装

如图 1-14 所示，男童服装与男子花衣装扮基本相同，由上衣、裤子、童帽、腰带、小绑布、绑腿带组成。上衣为单层结构，立领的对襟上衣没有纽扣，主色调为蓝黑色配浅蓝色，后背衣摆中心处和两侧衣摆处有开衩，在领子、门襟、袖口、前后片衣摆、后中开衩、侧缝开衩处皆有 0.5 指长（约 4cm）的浅蓝色布块镶边，使两侧开衩、后中开衩处包边折叠成两翼造型出现，后中开衩、后背下摆包边布上刺绣图案装饰；裤子为白色土布裁缝而成，长度至膝盖下，可以是开裆和缝合两种（分年龄），裤脚、裤口部位有绣花纹样装饰；男童帽为花帽、银帽两种；无吊花装饰；小绑布绑腿，花绑带（一对）靠近膝盖位置顺绑带绳向下交叉缠绕在小腿上。

图 1-14　白裤瑶男童装效果图

注：随着儿童的年龄增长，随腿长可以增加花绑带

（二）女童装

如图 1-15 所示，白裤瑶女童服装由上衣、百褶裙、童帽、腰带、裙遮片、吊花、小绑布、花绑带组成。上衣前片为单层结构，百褶裙、腰带、小绑布、绑腿带造型及穿戴方法与成年女子贯头衣基本相同。女童可戴黑帽、花帽、银帽三种帽子；腰间装饰吊花；小绑布绑腿，绑腿带（一对）靠近小腿的中间位置，绑带绳重叠缠绕在其上方。

图 1-15　白裤瑶女童装效果图

白裤瑶服饰具有自己独特的款式形制、材料制作、色彩装饰及纹样等技艺，它集合了包括民族生存环境、语言、婚姻丧葬、生育礼仪、精神信仰、生产方式、生活用具、娱乐祭祀等多方要素共同组成的民族文化智慧，融合了白裤瑶人在族群历史中对美好生活的期望和对美的追求。该族群历史没有留下文字记载，仅凭口耳相传和生活实践中的约定俗成相沿成习，民族文化符号一代一代接力传承着。

第一节　技艺经验之"口耳相传"

白裤瑶服饰技艺经验是白裤瑶文化中的重要组成部分。技艺经验是在长期的生活实践中积攒起来的，独特的服饰款式形制、材料制作、色彩装饰及纹样等技艺表现等把握，绝非一日之功。白裤瑶服饰技艺经验很大程度上是白裤瑶人对自身生活实践经历的记忆和再现，它承载着一个民族的传统文化和价值观念。

白裤瑶的服饰制作需要约一年的时间，经过自织、自纺、自绣、自画图案、自绣等三十多道工序完成。服装缝制技艺的"口耳相传"是要将服装实物制作经验、方法讲述与示范，是一个长期的、以家庭和族群为单位的文化传承行为。白裤瑶的服饰制作首先必须从认识缝制工具、材料及学习丈量方法开始，缝制工具与材料包括自织棉布、自制丝织布、自制测量尺、剪刀、针、线等。

要想做成一套合身的服饰，首先必须先学会丈量方法。因为服饰缝制前需要丈量穿衣人的身高，制衣材料的长、宽。考察期间我们发现，白裤瑶人有一套独特的"丈量"方法，他们借助某些参照物完成丈量，至今仍然保持和沿用。例如利用手的变化可以做几种计量单位：一拃（约 16cm）、一指长（约 8cm）、一指宽（约 1.5cm）等。此外，对于服装裁剪下料（面料用量设计），白裤瑶服饰属于半成型类服饰，服装只经过简单的裁剪，通过"折"的原理，就可完成上衣以前、后身中心线为中心轴，以肩袖线为水平轴，前后片是整幅布连裁的十字形衣身结构，完成裤子以三块布料折直线、折角补位的裤身结构。

白裤瑶服饰的取料依据是织造材料的幅宽（白裤瑶自织土布为窄幅面料，幅宽约48cm），并以款式结构（版型个体）为单位进行样版平面化的材料布局。目的是利用样版与材料幅宽的匹配度，最大化利用材料资源，体现了白裤瑶服饰文化中"敬物、惜物"的观念。

白裤瑶男子裤型有白裤和花裤两种形制。配搭形式为：花衣可配搭白裤、花裤；黑衣配搭白裤，盛装配搭花裤。白裤与花裤形制完全相同，只是白裤装饰细节略简单。裤子选料为白裤瑶妇女自织白色棉布，首先依裤子的幅宽3抧（约48cm），量取12抧（约192cm）长进行3等分裁剪，选取其中任意两块在指定位置对称绣制"五根花柱"（白裤不绣纹样）；其次，根据"五根花柱"下方预留的位子用红色绣线绣制两条尺寸相当的裤口装饰条（白裤装饰较为简单，直接取染好的黑色面料即可）；然后，将裤口装饰长条布缝制在裤口预留位置（白裤装饰黑条同样缝制在相应位置）；最后，连接裤身，通过"折""缝"的方式将裤片与裆片对应位置进行缝制，裤子即缝合完成。其中第一步如图2-1所示，参照土布幅度面积把男子裤装结构直接分解成相等大小的三块（A、B区为白裤瑶男子裤片，C区为白裤瑶男子裆片）。这样就正好将幅宽为3抧（约48cm）、长为12抧（约192cm）的面料完整地裁下裤子的三个裁片，再通过折直线、折角补位完成裤身结构（步骤见表2-1）。

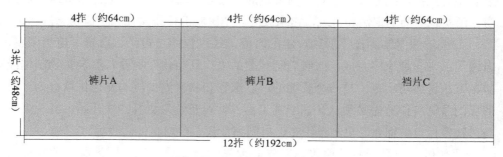

图 2-1　白裤瑶裤子裁剪原理

表 2-1　男子裤装缝制步骤

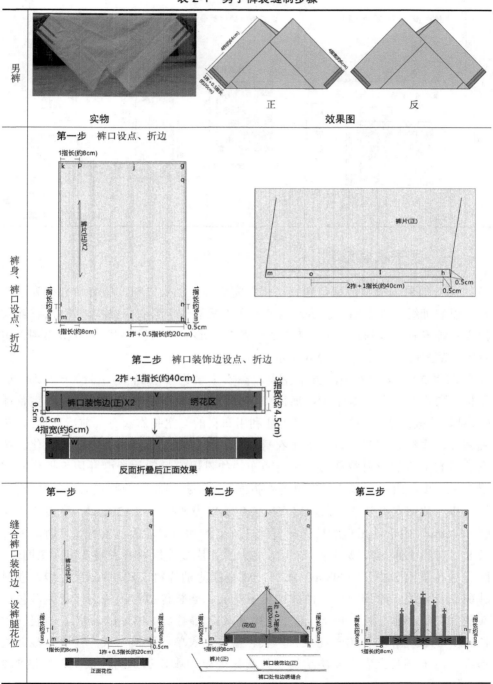

续表

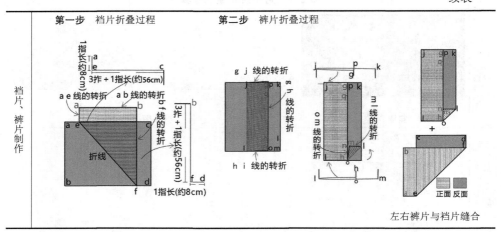

左右裤片与裆片缝合

一、男子衣裳缝制

白裤瑶男子衣裳造型是通过"折"完成的,上衣以前、后身中心线为中心轴,以肩袖线为水平轴,前后片为整幅布连裁的十字形衣身结构。花衣、盛装、黑衣三种形制的缝制工艺单如表 2-2 ～表 2-4 所示,三种形制的缝制效果图、实物图、款式图如表 2-5、表 2-6 所示。

在表 2-5、表 2-6 中,男子花衣、黑衣上装为单层结构,盛装上衣为 4 层结构、"T"形对称折叠造型。通过"借位断缝"来满足衣片尺寸和材料完整性(衣身每片裁片都是整幅布),尽可能利用布料的幅宽制作衣身(前后连体)、衣袖裁片,直线开门襟、直线拼接衣身围度、袖缝,使布料的利用率最大化。花衣、黑衣上装的取料裁剪第一步,随布边拃量出衣身裁片长度并用手捏住此位置。第二步,由衣身裁片长度位置双折面料,与拃量布边的起点对齐裁剪布料。第三步,裁剪衣身补片,白裤瑶衣身前后长度为 8 拃(约 128cm),宽度为 4 拃(约 64cm)。由于手工自织棉布幅宽为 3 拃(约 48cm),裁剪衣身宽度时,需加长 8 拃(约 128cm)、宽 1 拃(约 16cm)的补片裁片量填补衣身宽度。第四步,随布边拃量出 5 拃(约 80cm)布料,对叠裁剪袖片料(双层)。第五步,取料裁剪衣身包边。除黑衣外,白裤瑶男子花衣、盛装包边布颜色为浅蓝色,包边布包含衣身、袖口两个部分。随布边拃量出长 25 拃(约 400cm)、宽 1.5 指长(约 12cm)的裁剪布料,男子花衣、黑衣、盛装上衣单层取料完成。在取料裁剪过程中,由于盛装上衣为 4 层结构,其变化规律为衣长从外向内依次每层增加 2

指宽（约 3cm），袖长从外向内依次减少 1 指宽（约 1.5cm），侧缝开衩随衣长从外向内依次增加 2 指宽（约 3cm），后中开衩随衣长从外向内依次增加 2 指宽（约 3cm）。依照男子花衣、黑衣、盛装上衣单层取料方法，完成盛装上衣另 3 层结构的衣料配置。

取料裁剪是白裤瑶服装制作的关键环节。白裤瑶服装制作中取料裁剪不以人体各部位尺寸为参考基准，不用纸样，没有计算公式，不用尺子，不用划粉，按照祖辈的传授和生活实践（惯例）经验，在手与自织棉布间比划（扽量布料长、短、宽、窄），几分钟内即可完成男子上装衣料裁片。

表 2-2　男子花衣制作工艺单

款式类别	男子花衣（白色包头巾、上衣、腰带、裤子、绑腿）
款式图	上衣 裤子 腰带 包头巾

正面　　背面　上衣

正面　　背面　裤子

腰带

包头巾

续表

款式图	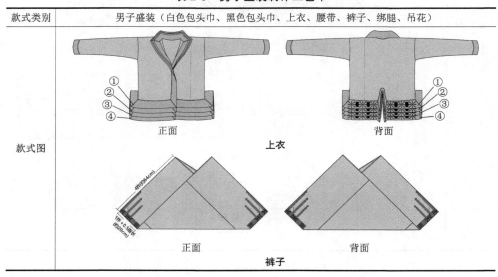
	绑腿
材料及染色	手工棉布（幅宽：3拃；手针、染、绣制作）
缝制工艺	①锁边裁片：将裁剪好的衣片毛边手工锁边处理 ②缝合：采用拱针、回针方法将衣片缝合 ③缝份锁边：衣片缝份为0.5cm，将缝合好的衣片双层或多层锁边

序号	部位	尺寸	序号	部位	尺寸
1	前衣长（上衣）	4拃（约64cm）	15	大绑布长	10拃（约160cm）
2	后衣长（上衣）	4拃（约64cm）	16	大绑布宽	1拃+1指长（约24cm）
3	胸围	8拃（约128cm）	17	小绑布长	8拃（约128cm）
4	腰围	8拃（约128cm）	18	小绑布宽	1指长+1指宽（约10cm）
5	袖长	3拃（约48cm）	19	绑腿带长	2拃+1指长（约40cm）
6	袖围	2拃+1指长（约40cm）	20	绑腿带长宽	1拃+0.5指长（约20cm）
7	领围	1拃+1指长（约24cm）	21	裤片长	4拃（约64cm）
8	领围+衣身包边长	25拃（约400cm）	22	裤片宽	3拃（约48cm）
9	领围+衣身包边宽	1.5指长（约12cm）	23	裆片长	3拃（约48cm）
10	衣身包边宽	4指宽（约6cm）	24	裆片宽	4拃（约64cm）
11	白色包头巾长	7拃+1指长（约120cm）	25	裤口围	2拃+1指长（约40cm）
12	白色包头巾宽	1.5指长（约12cm）	26	裤口装饰边长	2拃+1指长（约40cm）
13	腰带长	10拃（约160cm）	27	裤口装饰边宽	3指宽（约4.5cm）
14	腰带宽	1拃+1指长（约24cm）			

表 2-3　男子盛装制作工艺单

款式类别	男子盛装（白色包头巾、黑色包头巾、上衣、腰带、裤子、绑腿、吊花）
款式图	

续表

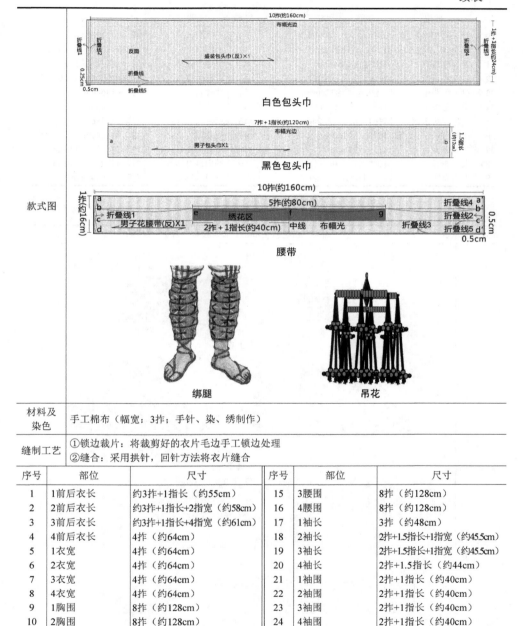

款式图

白色包头巾

黑色包头巾

腰带

绑腿　　　　　　　　吊花

材料及染色	手工棉布（幅宽：3拃；手针、染、绣制作）
缝制工艺	①锁边裁片：将裁剪好的衣片毛边手工锁边处理 ②缝合：采用拱针，回针方法将衣片缝合

序号	部位	尺寸	序号	部位	尺寸
1	1前后衣长	约3拃+1指长（约55cm）	15	3腰围	8拃（约128cm）
2	2前后衣长	约3拃+1指长+2指宽（约58cm）	16	4腰围	8拃（约128cm）
3	3前后衣长	约3拃+1指长+4指宽（约61cm）	17	1袖长	3拃（约48cm）
4	4前后衣长	4拃（约64cm）	18	2袖长	2拃+1.5指长+1指宽（约45.5cm）
5	1衣宽	4拃（约64cm）	19	3袖长	2拃+1.5指长+1指宽（约45.5cm）
6	2衣宽	4拃（约64cm）	20	4袖长	2拃+1.5指长（约44cm）
7	3衣宽	4拃（约64cm）	21	1袖围	2拃+1指长（约40cm）
8	4衣宽	4拃（约64cm）	22	2袖围	2拃+1指长（约40cm）
9	1胸围	8拃（约128cm）	23	3袖围	2拃+1指长（约40cm）
10	2胸围	8拃（约128cm）	24	4袖围	2拃+1指长（约40cm）
11	3胸围	8拃（约128cm）	25	1领围	1拃+1指长（约24cm）
12	4胸围	8拃（约128cm）	26	2领围	1拃+1指长（约24cm）
13	1腰围	8拃（约128cm）	27	3领围	1拃+1指长（约24cm）
14	2腰围	8拃（约128cm）	28	4领围	1拃+1指长（约24cm）

续表

序号	部位	尺寸	序号	部位	尺寸
29	领围+衣身包边长	25拃×4（约1600cm）	40	小绑布长	8拃（约128cm）
30	领围+衣身包边宽	1.5指长（约12cm）	41	小绑布宽	1指长+1指宽（约10cm）
31	衣身包边宽	4指宽（约6cm）	42	绑腿带长	2拃+1指长（约40cm）
32	白色包头巾长	7拃+1指长（约120cm）	43	绑腿带宽	1指长+0.5指长（约20cm）
33	白色包头巾宽	1.5指长（约12cm）	44	裤片长	4拃（约64cm）
34	黑色包头巾长	10拃（约160cm）	45	裤片宽	3拃（约48cm）
35	黑色包头巾宽	1拃+1指长（约24cm）	46	档片长	3拃（约48cm）
36	花腰带长	10拃（约160cm）	47	档片宽	4拃（约64cm）
37	花腰带宽	1拃（约16cm）	48	裤口围	2拃+1指长（约40cm）
38	大绑布长	10拃（约160cm）	49	裤口装饰边长	2拃+1指长（约40cm）
39	大绑布宽	1拃+1指长（约24cm）	50	裤口装饰边宽	3指宽（约4.5cm）

表2-4 男子黑衣制作工艺单

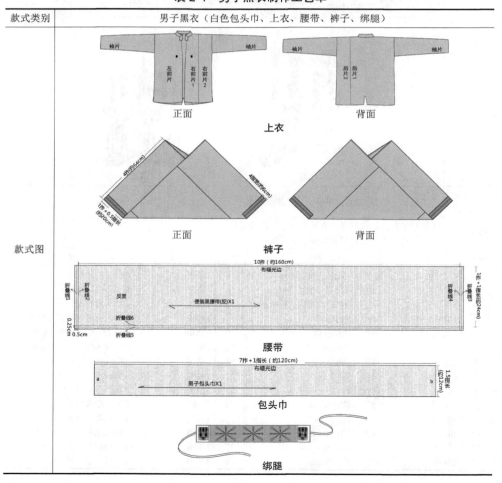

款式类别	男子黑衣（白色包头巾、上衣、腰带、裤子、绑腿）

款式图

上衣

裤子

腰带

包头巾

绑腿

续表

材料及染色	手工棉布（幅宽：3拃；手针、染、绣制作）			
缝制工艺	①锁边裁片：将裁剪好的衣片毛边手工锁边处理 ②缝合：采用拱针，回针方法将衣片缝合			

序号	部位	尺寸	序号	部位	尺寸
1	前衣长（上衣）	4拃（约64cm）	14	大绑布长	10拃（约160cm）
2	后衣长（上衣）	4拃（约64cm）	15	大绑布宽	1拃+1指长（约24cm）
3	胸围	8拃（约128cm）	16	小绑布长	8拃（约128cm）
4	腰围	8拃（约128cm）	17	小绑布宽	1指长+1指宽（约10cm）
5	袖长	3拃（约48cm）	18	绑腿带长	2拃+1指长（约40cm）
6	袖围	2拃+1指长（约40cm）	19	绑腿带宽	1拃+0.5指长（约20cm）
7	领围	1拃+1指长（约24cm）	20	裤片长	4拃（约64cm）
8	领围+门襟包边长	约2拃+1指宽（约34cm）	21	裤片宽	3拃（约48cm）
9	领围+门襟包边宽	0.5指长（约4cm）	22	裆片长	3拃（约48cm）
10	白色包头巾长	7拃+1指长（约120cm）	23	裆片宽	4拃（约64cm）
11	白色包头巾宽	1.5指长（约12cm）	24	裤口围	2拃+1指长（约40cm）
12	腰带长	10拃（约160cm）	25	裤口装饰边长	2拃+1指长（约40cm）
13	腰带宽	1拃+1指长（约24cm）	26	裤口装饰边宽	3指宽（约4.5cm）

表 2-5　男子花衣、盛装的效果图、实物图、款式图

类别	花衣	
效果图		
实物图		
款式图	正面	背面

29

类别	盛装	
效果图	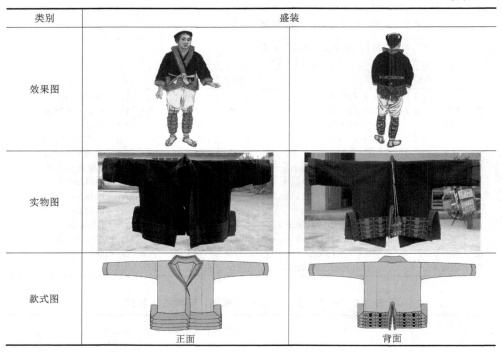	
实物图		
款式图	正面	背面

表 2-6　男子黑衣的效果图、实物图、款式图

类别	黑衣	
效果图	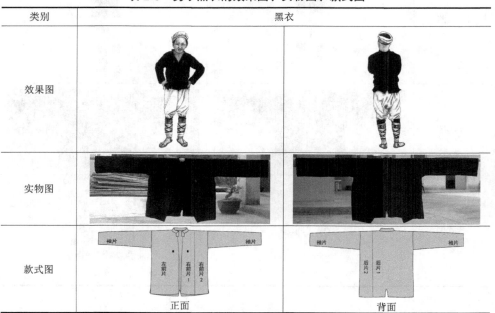	
实物图		
款式图	正面	背面

如表 2-7 所示，缝合衣身是上装衣料裁片完成后的第一道工序（男子花衣、黑衣、盛装上衣单层结构缝制方法基本相同），白裤瑶人习惯把完成后的上装衣料裁片边缘以每 3cm 9 针锁边处理，以防止布边经纬纱毛边外漏。首先将完成用针线锁边处理的衣身和衣身"补片"用针线手工拼合，将衣身与衣身"补片"对齐，从一头起针每 3cm 9 针拱针直线拼合；其次是衣身与袖子拼合。用同样的方法将锁边后的衣身片与袖片对位缝合，之后缝合袖底、下摆。将衣片前、后袖底缝，侧摆缝，下摆位置对叠整齐，从袖口处开始起针，每 3cm 9 针拱针直线缝合至侧缝下摆开衩处结束（留出开衩位）。

衣片前、后袖底缝、侧摆用拱针直线缝合后，此时的上衣结构呈袋状造型。接下来进行衣领开口和前门襟剪开工序。如表 2-7 中"裁剪前片门襟、衣领、后中开衩位置"所示，第一步，将缝合后呈袋状造型的衣身、袖子摊开整理至平复，衣身中心线折叠衣身裁片（使衣身与衣身、袖子与袖子相对），沿前、后片中心线（下摆处）双层向上剪开长约 4 指宽（约 6.5cm）的开口 [后片约 4 指宽（约 6.5cm）为后开叉]，继续沿前片中心线从剪口处单层剪至领子部位。第二步，在前中心线和肩线分别为线 a、线 b，沿 45° 射线设点 c，沿 45° 角射线对叠使线 a、线 b 线重合。剪掉线 c 约 1 指宽（约 2cm）的等腰三角形部分粗裁领子。第三步，平面展开"V"字形领弯，在"V"的领深基础上对领长线进行围度调节，调节后的成品领弯长为 1 拃 +1 指长（约 24cm），衣身基础缝制完成。

以花衣、盛装为例（除黑衣为单色造型外，花衣、盛装为双色搭配造型），见表 2-7 中"（盛装、花衣）衣身包边装饰"。衣身基础缝制完成后，衣身包边（配色）缝制的第一步为包边布制作。妇女们把裁剪好的包边布用手指折光毛边，然后沿中线对叠（为衣身包边缝制做准备）。第二步，依照包边路径图，从任意转角处开始，将包边布双层夹衣边缝份以每 3cm 9 针回针完成包边；包衣边路径的开始点也是结束点。在制作直线、弧线包衣边过程中，包边布双层夹衣边缝份均以每 3cm 9 针回针完成包边。转角处包衣边包边的方法是包边布分层对角折叠后，双层夹衣边缝份以每 3cm 9 针回针完成。衣身包边完成后，量取袖口包边长度，将包边布长度缝份折叠，缝合成筒状双层夹袖口缝份，并以每 3cm 9 针回针缝合完成，花衣缝制工艺完成（同样的方法制作男子盛装上衣 4 层衣身包边，对齐整理平复分层固定，固定部位为领角、腋下、侧后开衩等部位，盛装上衣完成）。

在白裤瑶，男装黑衣不同于花衣、盛装，黑衣为单色造型，衣身与花衣、盛装结构相同但领子、前门襟工艺处理方法完全不同，见表 2-7 中"（黑衣）包衣边"。第一步折叠前门襟，前后下摆、侧缝开衩、后中开衩布边缝份。第二步从领口处开始至前门襟，前下摆、侧缝开衩位，将折叠的缝份再次折叠0.25cm宽。锁边用针以每3cm 9针包光结束。第三步从侧缝开衩起、至前下摆、前门襟领口处结束。相同的方法，从后背左侧缝开衩起，至后下摆（左）、后下摆中衩，后下摆（右）、右侧缝开衩结束，衣身外漏边缘折叠工艺完成。

领子是在衣身外漏边缘折叠工艺完成后进行的，见表2-7中"（黑衣）缂领"。衣身与衣领缝制前，白裤瑶人习惯把裁剪好的领弯线设对位点即点a、点b、点c、点d、点e、点f、点g。把裁剪好的领子布折光毛边，然后沿中线对叠（为缂领缝制做准备）。依照缂领路径图（左前门襟上领处开始，右前门襟缂领处结束，即从门襟点f起，对准领子点f回针缝至点d；将领面在门襟与领弯转折处折叠放平回针缝，从点d开始，同样的方法回针缝至点e，直到点g，缂领完成），将衣领布双层夹前门襟、前后领弯缝份以每3cm 9针回针完成缂领工艺。在制作直线、弧线上领过程中，领子布双层夹左右门襟、前后领弯以每3cm 9针回针完成包边；转角处上领工艺方法是领子布分层对角折叠后，双层夹左右门襟、前后领弯缝份以每3cm 9针回针完成。

表 2-7　男子上衣缝制流程

续表

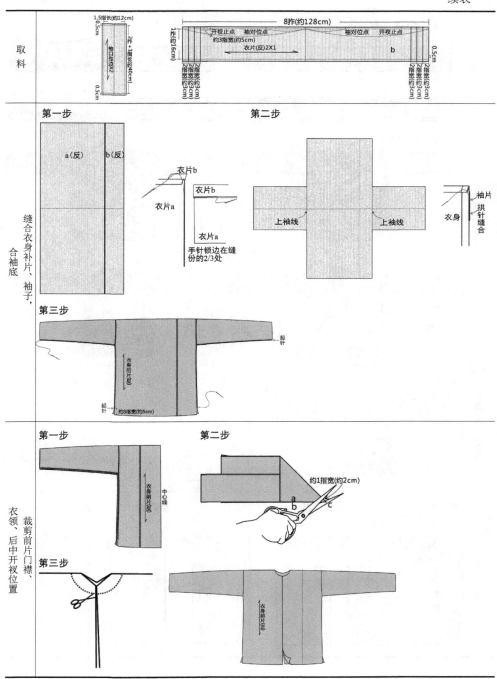

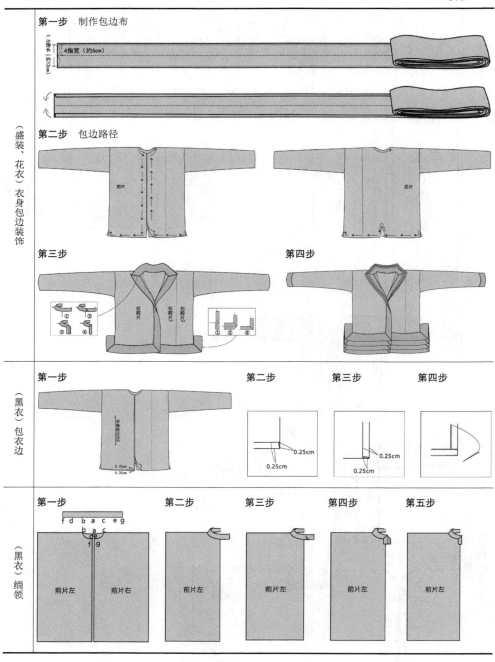

二、女子衣裳缝制

（一）女子上衣缝制

白裤瑶女子服饰缝制内容包括女子贯头衣、女子黑衣、女子盛装三类服饰缝制。三种形制的上衣都以蓝、黑色为主调造型，贯头衣、盛装上衣无领，由前幅、后幅、连衣袖三部分组成；黑衣上衣为双层对襟短衣。百褶裙是白裤瑶女子一年四季都穿着的服饰，裙前交叉处有一块挡布。白裤瑶女子衣裳造型同样是通过“折”完成的，上衣以前、后身中心线为中心轴，以肩袖线为水平轴，前、后片为整幅布连裁的贯头衣结构。女子三种形象的缝制工艺见表 2-8、表 2-9、表 2-10，三种形制的缝制效果图、实物图、款式图如表 2-11、表 2-12 所示。

表 2-8　女子贯头衣服饰整体制作工艺单

<table>
<tr><td>款式类别</td><td>女子贯头衣</td></tr>
<tr><td>款式图</td><td>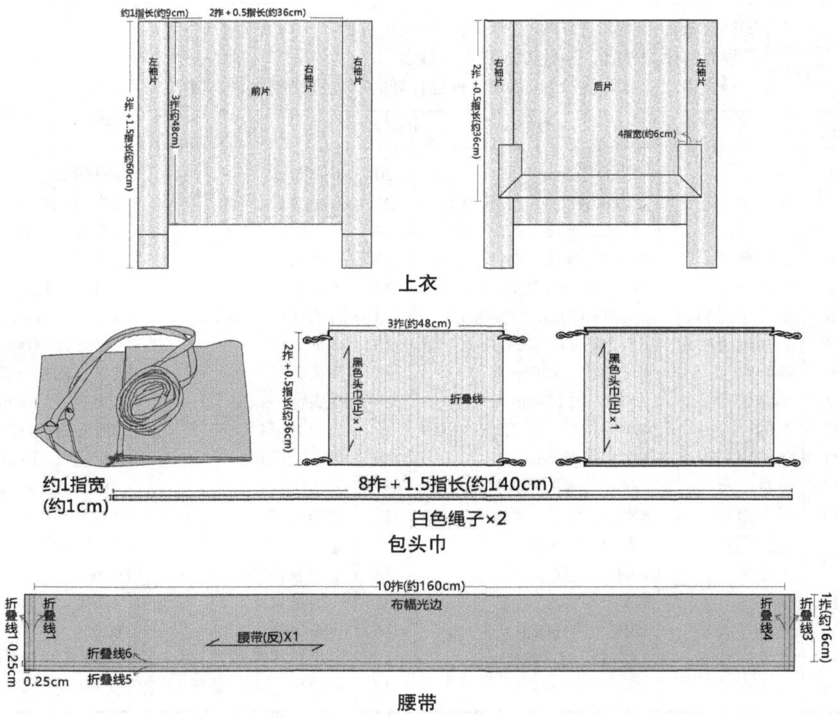
</td></tr>
</table>

款式图	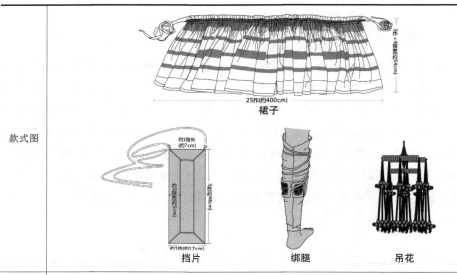 裙子　挡片　绑腿　吊花
材料及 染色	手工棉布（幅宽：3拃；手针、染、绣制作）
缝制 工艺	①锁边裁片：将裁剪好的衣片毛边手工锁边处理 ②缝合：采用拱针，回针方法将衣片缝合 ③缝份锁边：衣片缝份为0.5cm，将缝合好的衣片双层或多层锁边

序号	部位	尺寸	序号	部位	尺寸
1	前片长	3拃（约48cm）	20	小绑布宽	约1指长+1指宽（约10cm）
2	前片宽	2拃+0.5指长（约36cm）	21	绑腿带长	2拃+1指长（约40cm）
3	后片长	2拃+0.5指长（约36cm）	22	绑腿带宽	1拃+0.5指长（约20cm）
4	后片宽	2拃+0.5指长（约36cm）	23	挡片长	3拃（约48cm）
5	胸围	4拃+1指长（约72cm）	24	挡布宽	约1拃（约17cm）
6	后摆包边布长	约4拃+3指宽（约69cm）	25	裙长（不连腰围）	3拃（约48cm）
7	后摆包边布宽	1.5指长（约12cm）	26	裙宽	25拃（约400cm）
8	袖隆宽	约1指长（约9cm）	27	腰头长	5拃（约80cm）
9	袖隆长	7.5拃（约120cm）	28	腰头宽	4指宽（约6cm）
10	领围	4拃+1指长（约72cm）	29	裙边装饰1长	25拃（约400cm）
11	包头巾长	3拃（约48cm）	30	裙边装饰1宽	4指宽（约6cm）
12	包头巾宽	2拃+0.5指长（约36cm）	31	装饰块长	4指宽（约6cm）
13	包头绳长	8拃+1.5指长（约140cm）	32	装饰块宽	4指宽（约6cm）
14	包头绳宽	2指宽（约3cm）	33	裙边装饰2长	25拃（约400cm）
15	腰带长	10拃（约160cm）	34	裙边装饰2宽	0.5cm
16	腰带宽	1拃（约16cm）	35	装饰条长	4指宽（约6cm）
17	大绑布长	10拃（约160cm）	36	装饰条宽	0.5cm
18	大绑布宽	1拃+1指长（约24cm）	37	裙边托（裙边装饰3）长	24拃（约384cm）
19	小绑布长	8拃（约128cm）	38	裙边托（裙边装饰3）宽	约4指宽（约5.5cm）

表2-9 女子盛装服饰整体制作工艺单

款式类别	女子盛装（包头巾、上衣、腰带、百褶裙、前挡片、绑腿）
款式图	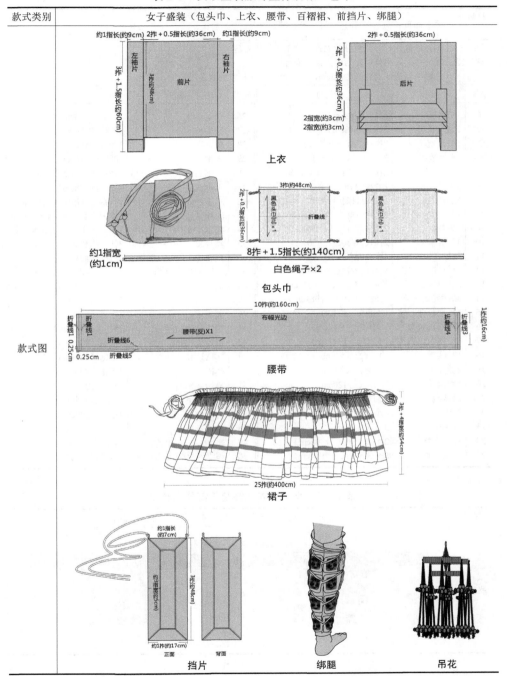

材料及染色	手工棉布（幅宽：3拃；手针、染、绣制作）		
缝制工艺	①锁边裁片：将裁剪好的衣片毛边手工锁边处理 ②缝合：采用拱针，回针方法将衣片缝合 ③缝份锁边：衣片缝为0.5cm，将缝合好的衣片双层或多层锁边		

序号	部位	尺寸	序号	部位	尺寸
1	1前片长	3拃（约48cm）	26	包头绳宽	2指宽（约3cm）
2	2前片长	3拃（约48cm）	27	腰带长	10拃（约160cm）
3	1前片宽	2拃+0.5指宽（约36cm）	28	腰带宽	1拃（约16cm）
4	2前片宽	2拃+0.5指宽（约36cm）	29	大绑布长	10拃（约160cm）
5	1后片长	2拃+0.5指宽（约36cm）	30	大绑布宽	1拃+1指长（约24cm）
6	2后片长	约2拃+1指长（约39cm）	31	小绑布长	8拃（约128cm）
7	3后片长	约2拃+1指长+1指宽（约42cm）	32	小绑布宽	约1指长+1指宽（约10cm）
8	1后片宽	2拃+0.5指宽（约36cm）	33	绑腿带长	2拃+1指长（约40cm）
9	2后片宽	2拃+0.5指宽（约36cm）	34	绑腿带宽	1拃+0.5指长（约20cm）
10	3后片宽	2拃+0.5指宽（约36cm）	35	挡片长	3拃（约48cm）
11	胸围	4拃+1指长（约72cm）	36	挡布宽	约1拃（约17cm）
12	1后摆包边布长	约4拃+3指宽（约69cm）	37	裙长（不连腰围）	3拃（约48cm）
13	2后摆包边布长	约4拃+1.5指长（约75cm）	38	裙宽	25拃（约400cm）
14	3后摆包边布长	约5拃+1指长（约81cm）	39	腰头长	5拃（约80cm）
15	1后摆包边布宽	1.5指长（约12cm）	40	腰头宽	4指宽（约6cm）
16	2后摆包边布宽	1.5指长（约12cm）	41	裙边装饰1长	25拃（约400cm）
17	3后摆包边布宽	1.5指长（约12cm）	42	裙边装饰1宽	4指宽（约6cm）
18	1袖隆宽	约1指长（约9cm）	43	装饰块长	4指宽（约6cm）
19	2袖隆宽	约1指长（约9cm）	44	装饰块宽	4指宽（约6cm）
20	1袖隆长	7.5拃（约120cm）	45	裙边装饰2长	25拃（约400cm）
21	2袖隆长	7.5拃（约120cm）	46	裙边装饰2宽	1/3指宽（约0.5cm）
22	领围	4拃+1指长（约72cm）	47	装饰条长	4指宽（约6cm）
23	包头巾长	3拃（约48cm）	48	装饰条宽	1/3指宽（约0.5cm）
24	包头巾宽	2拃+0.5指长（约36cm）	49	裙边托（裙边装饰3）长	24拃（约384cm）
25	包头绳长	8拃+1.5指长（约140cm）	50	裙边托（裙边装饰3）宽	约4指宽（约5.5cm）

表 2-10　女子黑衣服饰整体制作工艺单

款式类别	女子黑衣（包头巾、上衣、腰带、百褶裙、前挡片、绑腿）
款式图	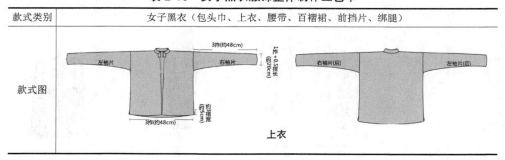 上衣

续表

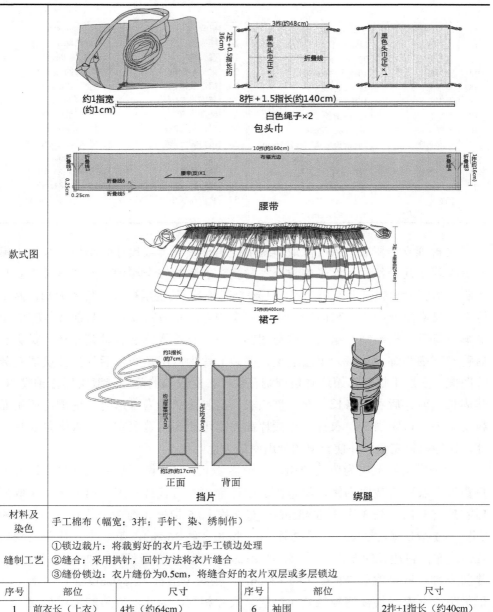

款式图

约1指宽
(约1cm)

8拆+1.5指长(约140cm)

白色绳子×2
包头巾

腰带

裙子

正面　背面
挡片　　　绑腿

材料及染色	手工棉布（幅宽：3拆；手针、染、绣制作）		
缝制工艺	①锁边裁片：将裁剪好的衣片毛边手工锁边处理 ②缝合：采用拱针，回针方法将衣片缝合 ③缝份锁边：衣片缝份为0.5cm，将缝合好的衣片双层或多层锁边		

序号	部位	尺寸	序号	部位	尺寸
1	前衣长（上衣）	4拆（约64cm）	6	袖围	2拆+1指长（约40cm）
2	后衣长（上衣）	4拆（约64cm）	7	领围	1拆+1指长（约24cm）
3	胸围	6拆（约96cm）	8	领围+门襟包边长	约2拆+1指宽（约34cm）
4	腰围	6拆（约96cm）	9	领围+门襟包边宽	0.5指长（约4cm）
5	袖长	3拆（约48cm）	10	包头巾长	3拆（约48cm）

续表

序号	部位	尺寸	序号	部位	尺寸
11	包头巾宽	2拃+0.5指长（约36cm）	25	裙宽	25拃（约400cm）
12	包头绳长	8拃+1.5指长（约140cm）	26	腰头长	5拃（约80cm）
13	包头绳宽	2拃宽（约3cm）	27	腰头宽	4指宽（约6cm）
14	腰带长	10拃（约160cm）	28	裙边装饰1长	25拃（约400cm）
15	腰带宽	1拃（约16cm）	29	裙边装饰1宽	4指宽（约6cm）
16	大绑布长	10拃（约160cm）	30	装饰块长	4指宽（约6cm）
17	大绑布宽	1拃+1指长（约24cm）	31	装饰块宽	4指宽（约6cm）
18	小绑布长	8拃（约128cm）	32	裙边装饰2长	25拃（约400cm）
19	小绑布宽	约1指长+1指宽（约10cm）	33	裙边装饰2宽	1/3指宽（约0.5cm）
20	绑腿带长	2拃+1指长（约40cm）	34	装饰条长	4指宽（约6cm）
21	绑腿带宽	1拃+0.5指长（约20cm）	35	装饰条宽	1/3指宽（约0.5cm）
22	挡片长	3拃（约48cm）	36	裙边托（裙边装饰3）长	24拃（约384cm）
23	挡布宽	约1拃（约17cm）	37	裙边托（裙边装饰3）宽	约4指宽（约5.5cm）
24	裙长（不连腰围）	3拃（约48cm）			

　　白裤瑶女子黑衣上衣（除取料裁剪比男子黑衣上衣尺寸略小外）与男子黑衣上衣制作几乎相同。女子盛装上衣与贯头衣形制完全相同。女子盛装上衣与贯头衣形制为无领（上部正中留口不缝合为领），长度至裙腰，腋下无扣，两不缝合，仅肩角处相连；胸前为一块与肩宽相等的长方形布块，与前片等宽的正方形后背及下摆装饰有蜡染、绣花图案，前后衣片两侧装袖窿布环。贯头衣后背及下摆装饰、袖窿为单层造型，盛装前片为双层黑布，后片为三层黑布装饰图案，三层下摆蓝布镶边且装饰绣花纹样。前后幅的两侧缝双层黑色袖窿布，其周长比前、后衣片略长。女子贯头衣、盛装上衣均为方形对称造型，所用面料均为手工自织棉布，衣身每片裁片都要尽可能利用整幅布幅度来满足衣片尺寸，保持材料完整性并使布料的利用率最大化。

　　女子贯头衣上衣为单层结构、女子盛装上衣为前两层后三层结构。以女子贯头衣上衣取料裁剪为例，随布幅宽度拃量出衣身裁片长度。第一步，裁取前后衣片，取前片长3拃（约48cm）、宽2拃+0.5指长（约36cm），后片3长约2拃+0.5指长（约36cm）、宽2拃+0.5指长（约36cm）。第二步，裁剪衣身后片包边布，包边长约5拃+1指宽（约81cm），宽为1.5指长（约12cm）。第三步，裁剪衣袖，取袖窿长7.5拃（约120cm）、宽约1指长（约9cm）2片。由于女子贯头衣上衣取料裁剪与盛装（单层）尺寸相同，因此，盛装需要增加层次的部位结构可直接参照贯头衣部位结构取料裁剪，不同之处同样参照女子贯头衣部位结构取料裁剪每层增加或递减完成，同样的原理，参照女子贯头衣后片包边布取料裁剪完成每层增加或递减的量。

表 2-11 女子贯头衣、盛装的效果图、实物图、款式图

类别	贯头衣	
效果图		
实物图		
款式图		
类别	盛装	
效果图		

续表

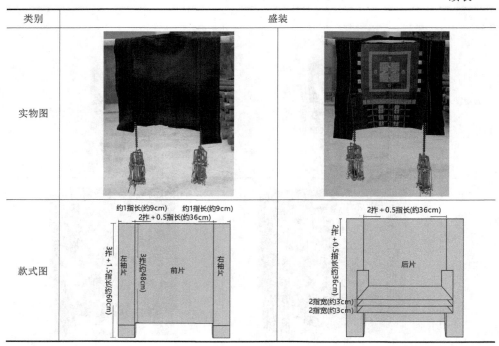

表 2-12　女子黑衣效果图、实物图、款式图

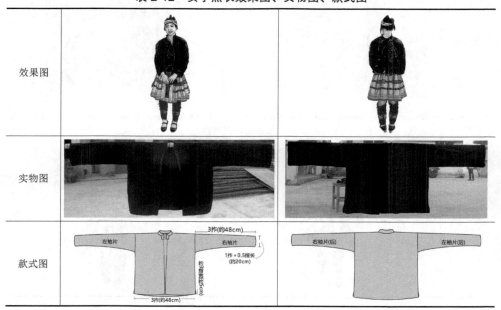

　　缝合衣身是上装衣料裁片完成后的第一道工序（女子贯头衣、盛装上衣单层结构缝制方法基本相同），前面已介绍，白裤瑶人习惯把完成后的上装衣料裁片边缘以 3cm 9 针锁边处理，以防止布边经纬纱毛边外漏。女装缝合的第一步为包后片下摆。白裤瑶女装后片装饰极为丰富，后中有大型的画、绣装饰纹样，画、绣装饰纹样旁边配色包边装饰。其余具体制衣步骤如表 2-13 所示。

表 2-13　女子上衣缝制流程

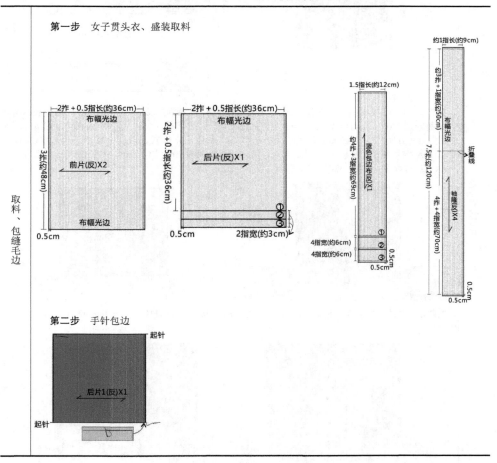

缝合衣身后片

第一步 衣身后片设点位，取后片，在后片上设包边对位参照点a′、点b′、点c′、点d′、点e′、点f′点g′、点h′点i′、点j′

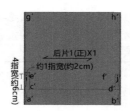

第二步 制作后片包边布：后片下摆包边布设对位点，取包边布设缝制对位参照点a、点b、点c、点d、点e、点f、点g、点h、点i、点j、点k、点l、点m、点n、点o、点p、点q、点r、点s、点t，折叠四周缝份

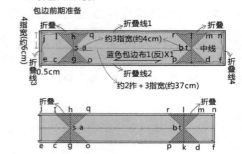

第三步 后片包边后片与下摆包边缝合，将包边布对叠，以gs为折线，折叠点o、点s、点c，使os线与cs线重合，点c、点e与后片点c′、点e′重合；以kt为折线，折叠点p、点t、点d，使pt线与dt线重合，点d、点f与后片点d′、点f′重合；同样的方法，以hs为折线，折叠点q、点s、点i，使qs线与is线重合，点i、点j与后片（反面）点c′、点e′重合；以lt为折线，折叠点r、点t、点m，使点rt线与mt线重合，点m、点n与后片（反面）点d′、点f′重合

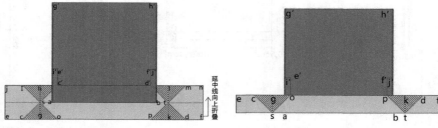

第四步 包边布夹住后片下摆，距包边布布边0.1cm，从一端开始起针，以每3cm 9针拱针缝至另一端结束

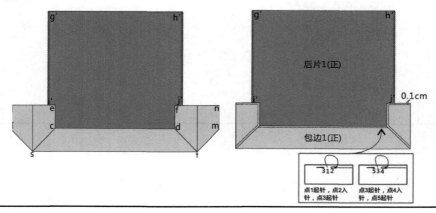

第一步　由于白裤瑶女子盛装后片为三层结构，同样的方法成型的衣身后片①②③包边完成并对齐上边线，使三层后片叠加、衣长从外向内依次递增排列，以每3cm 9针从点i′起针至点g′结束，点j′起针至点h′结束，用拱针分别将三层固定

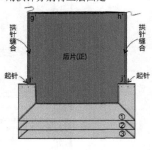
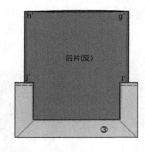

第二步　同样的方法，缝合上衣肩点即：取前片①②边线对齐，手针从点c″起针以每3cm 9针拱针缝合至点a″结束，从点d″起针以每3cm 9针拱针缝合至点b″结束，分别双层固定衣片；缝合前后片肩点，将固定好的前片、后片正面相对，前片点b″、点a″分别对齐后片点h′、点g′，手针以每3cm 9针锁边针缝合，缝合长度为0.5cm至3指宽（约4.5cm）（未缝合的部分为领口）。当前后衣片缝合完成后，制作袖片并将袖边与衣身缝合

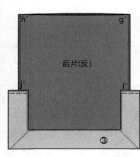
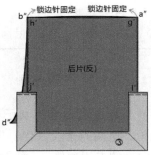

第一步　将双层袖窿片设缝制对位参照点a、点b、点c、点d、点e、点f、点g、点h；袖片锁边，分别将四片袖片ab线、cd线以每3cm 9针回针缝合，并双层套叠在一起，从点g起针以每3cm 9针拱针缝至点h双层固定

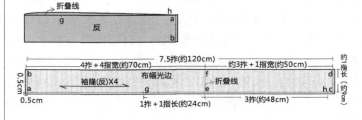

裁片固定，缝合肩点

缝合袖片

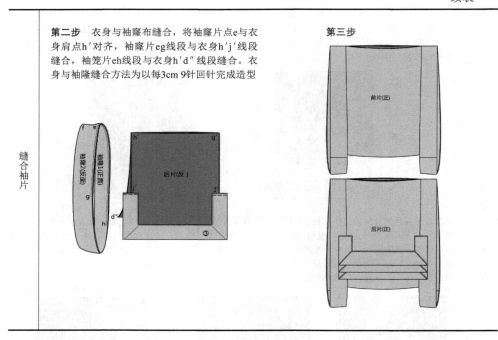

第二步　衣身与袖隆布缝合，将袖隆片点e与衣身肩点h′对齐，袖隆片eg线段与衣身h′j′线段缝合，袖笼片eh线段与衣身h′d″线段缝合。衣身与袖隆缝合方法为以每3cm 9针回针完成造型

第三步

缝合袖片

（二）百褶裙缝制

百褶裙是白裤瑶女子一年四季都穿着的服饰。裙子即"裳"，在我国历史悠久。早期裙子（古代）男女通用，后因男子渐渐穿裤、袍的原因，裙子才成为妇女的专用服饰。《西京杂记》载：赵飞燕十分讲究裙子。一天，她身着云英紫裙与汉成帝同游太液池，鼓乐生中赵飞燕翩翩起舞，突然刮来一阵大风，将她像燕子一样吹起。幸亏宫女们拉住裙子才救下她，而裙子被拉出了许多皱褶，结果比原来的平挺裙子更好看。此后，打褶的裙子便在宫中流行。到唐代，上至皇妃宫女，下至平民女子都穿着裙子。于是，"裙钗"也便成了妇女的代称。古代的裙子，色泽及款式已很多。白裤瑶女子穿的"百褶裙"与黑衣、贯头衣、盛装上衣搭配。裙子主色以黑、蓝两色相间，配以橘色、黄色蚕丝布和红色刺绣裙边托装饰而成。百褶裙为一片围式造型，裙的交合处还配有一块挡布。

如表2-14所示，白裤瑶女子百褶裙所用面料均为手工自织棉布，利用幅宽的优势取裙身围度保持材料完整性，使布料的利用率最大化。

表 2-14　女子百褶裙缝制流程

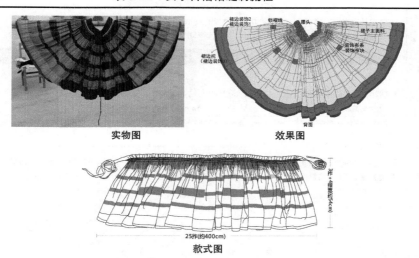

实物图　　　　　效果图

款式图

百褶裙

第一步　先随布边拃量出裙身裁片（裙主面料）宽度并用手捏住此位置约8拃+3指宽（约133cm），由裙身裁片宽度位置双折面料与拃量布边的起点对齐裁剪布料，同样由裙身裁片宽度位置双折面料与拃量布边的起点对齐裁剪布料，完成裙身三个部分裁片

约8拃+3指宽（约133cm）　第一块布(反面)	约8拃+3指宽（约133cm）　第二块布(反面)	约8拃+3指宽（约133cm）　第三块布(反面)

第二步　裁剪裙边装饰3，裙边装饰3是装饰裙身下摆的部分，随布边拃量出裁片长24拃（约384cm）、宽约4指宽（约5.5cm），然后刺绣装饰

第三步　裁剪腰头布，随布边拃量出裁片长5拃（约80cm）、宽4指宽（约6cm）

裁剪腰绳布，随布边拃量出裁片长度8拃+1.5指长（约140cm）、宽2指宽（约3cm）；裁剪裙主面料装饰块的橘色蚕丝面料7块，长、宽为4指宽（约6cm）；裁剪裙主面料装饰条的黄色蚕丝面料7条，长4指宽（约6cm）、宽0.5cm

百褶裙主体裁片

百褶裙主体裁片	裁剪裙边装饰1，橘色蚕丝面料2条，长25拃（约400cm）、宽4指宽（约6cm） 裙边装饰1　　　　　　　25拃（约400cm）　　　　　　0.5cm 4指宽（约6cm）　　　X2　　　　　　　中线 裁剪裙边装饰2，黄色蚕丝面料1条，长25拃（约400cm）、宽约0.5cm 裙边装饰2 0.5cm　　　　　25拃（约400cm）
缝合裙主面料、装饰布	**第一步**　裙片取料裁剪后，把完成裁剪后的裙片料裁片边缘以每3cm 9针锁边处理，以防止布边经纬纱毛边外漏。取（粘膏画图案）三块裙片将其整理平复后以每3cm 9针回针拼接在一起 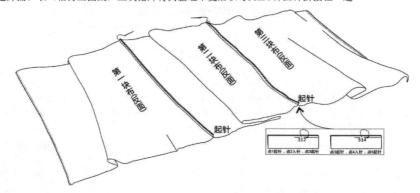 **第二步**　缝合裙主面料装饰块（7块），将其放置于粘膏画图案对应的长方形空格内，以每3cm 9针回针缝合其（上）边长线，留出其余3边不缝；将裙主面料装饰条缝合，裙主面料装饰条是装饰在7块装饰布块上、与中线重合，左右对齐的装饰部分，以每3cm 9针穿透裙主面料三层一起回针缝合完成 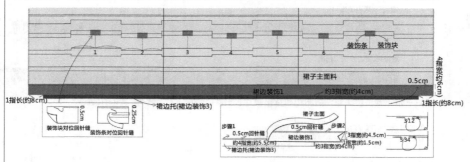 **第三步**　缝合裙边装饰3，将裙边装饰3对准裙主面料下摆，对其中心线左右两端距裙主面料两端各差1指长（约8cm）位置，从右侧开始起针以每3cm 9针回针缝合至左侧末端结束；缝合裙边装饰1，将裙边装饰布双层重叠放置裙子主面料下摆处上，压裙子正面距下摆3指宽（约4.5cm）的位置，从右侧开始起针以每3cm 9针回针缝合至左侧末端结束；缝合裙边装饰2，将裙边装饰2放置于裙边装饰1正面左右对齐，穿透裙主面料、裙边装饰1四层一起，沿着裙边装饰2中线从右侧起针以每3cm 9针回针缝合至左侧末端结束

续表

缝合裙主面料、装饰布	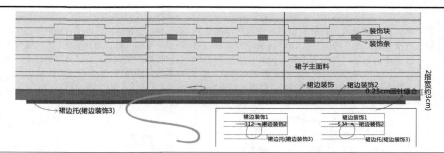
捏褶、锁褶	**第一步**　裙片缝制完成后，两人平行提起裙边的两端，用手捏出约1cm的褶量，用拇指指甲与食指指甲刮出褶痕 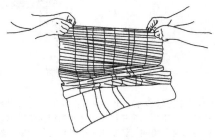 **第二步**　将捏好褶的裙片距腰头0.5cm处根据折痕拱针缝合，完成缝制后抽线将裙褶归纳在一起，为绱腰头做准备 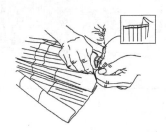　**第三步**　将裙子腰部固定，取一根直径约4cm的小竹棍（标尺），将竹棍一端与裙边垂直量褶痕，用针穿过4个褶痕出针，针头（或针尾）回到第1个褶与第2个褶的间隙中穿过刚才的缝线套结，以此类推完成锁褶，锁褶回针永远保持3个褶为一个套结单位 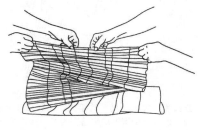 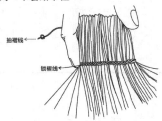
绱腰头、加固裙褶	**第一步**　做裙腰，取腰头布沿四周缝份折叠，再次沿腰头布中线对叠，使之形成双层长方形布条；做腰绳，取腰绳布沿四周折叠缝份，再沿腰绳布中线对叠，使之形成双层长方形布条，手针以每3cm 9针缝合布条边线，完成腰绳制作 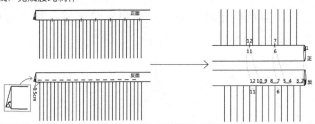

第二步 绱腰头，将腰头布包裹住裙片以固定好裙褶上端，左右两侧各留出0.5cm夹缝距离缝合裙腰，腰面为锁边针每三个褶缝一针，腰里为拱针每隔一个褶缝一针。按上一步中标的点，点1进针（腰头正面缝份里），点2出针（腰里），点3进针（腰里），点4出针（腰里），如此类推

第三步 缝腰绳，将绳子一端藏于腰头布开口中，从腰头下端起针以每3cm 9针回针缝至上端结束。百褶裙缝制完成后，将其绑在竹筐上，调整褶量使裙褶均匀整齐

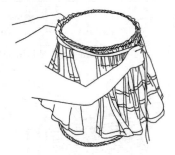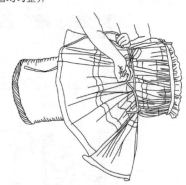

第四步 将裙子铺在竹筐上，在腰头部分向下分别捆三根绳子，用手将每根绳子之间的褶裥重新整理，使每一个褶裥均匀整齐的贴合在竹筐上。当第一、第二、第三根绳子之间的褶裥整理完之后，在百褶裙下摆位置捆第四根绳子，捆完后用同样的方法整理褶裥，调整褶裥松紧与均匀程度，静置三天以上（放置时间越长褶型也就更好），裙子制作完成

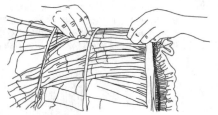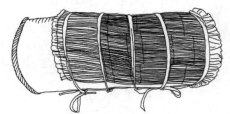

绱腰头、加固裙褶

（三）挡片缝制

白裤瑶百褶裙前面有一块挡片布（百褶裙交合处的挡布），挡片布主色为黑色，周边镶浅蓝色。穿百褶裙时，将挡片布系上带子绑在腰上与裙子呼应造型。挡片制作过程如表2-15所示。

表 2-15　挡片制作过程

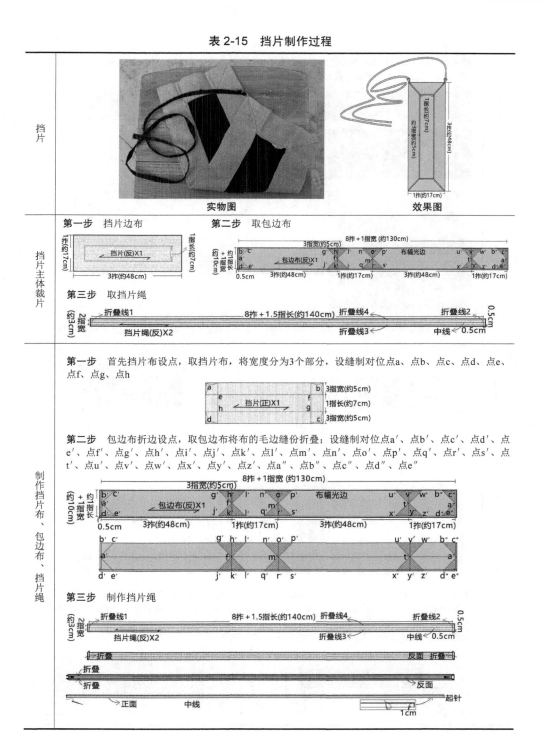

挡片	实物图　　　　　　　　效果图
挡片主体裁片	**第一步**　挡片边布　　　　　**第二步**　取包边布 **第三步**　取挡片绳
制作挡片布、包边布、挡片绳	**第一步**　首先挡片布设点，取挡片布，将宽度分为3个部分，设缝制对位点a、点b、点c、点d、点e、点f、点g、点h **第二步**　包边布折边设点，取包边布将布的毛边缝份折叠；设缝制对位点a′、点b′、点c′、点d′、点e′、点f′、点g′、点h′、点i′、点j′、点k′、点l′、点m′、点n′、点o′、点p′、点q′、点r′、点s′、点t′、点u′、点v′、点w′、点x′、点y′、点z′、点a″、点b″、点c″、点d″、点e″ **第三步**　制作挡片绳

第一步 取设好点的挡片布、包边布，并将其对点缝制，将挡片布点a、点b分别与包边布点a′点f′对应，以包边布a′f′为折线，将包边布折叠，并且包住挡片布

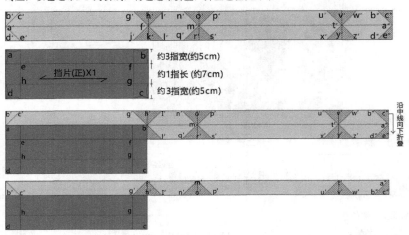

第二步 以包边布h′f′为折线，折叠点g′、点f′、点i′，使g′f′线与l′f′线重合，点i′、点n′与前挡片点f、点g重合

包
边

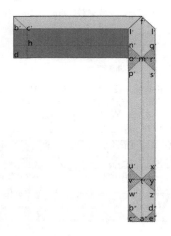
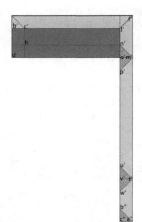

第三步 以o′m′为折线，折叠点n′、点m′、点p′，使n′m′线与p′m′线重合，点p′、点u′与前挡片点g、点h重合；以v′t′为折线，折叠点u′、点t′、点w′，使u′t′线与w′t′线重合，点w′、点b″与前挡片点h、点e重合；以b″a″为折线，将三角a″c″b″向内折叠，点b″、点a″与包边布点c′、点a′重合，包边（面）部分完成；同样的方法，完成包边（里）部分

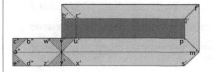
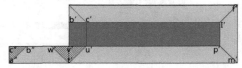

续表

<table>
<tr>
<td>

第四步　包边布包住前挡片四周后，距包边布布边0.1cm，从b″a″为折线开始起针，以每3cm 9针回针缝制一圈结完成

</td>
<td>

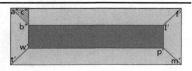

第五步　挡片布完成后，制作挡片绳，即：取挡片绳布，沿四周折叠缝份，再沿挡片绳布中线对叠，使之形成双层长方形布条，以每3cm 9针锁边完成挡片绳；将松紧绳单股穿针分别从缝制好的挡片布一边宽度对角点a″、点t′穿出，留出适当的穿绳量打结完成

</td>
</tr>
</table>

包边

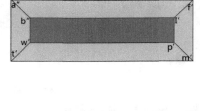

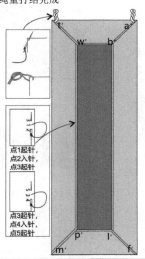

三、儿童衣裳缝制

白裤瑶童装服饰制作（除尺寸外）基本与成人服饰制作方法相同。

男童服饰上衣以黑色为主色调造型，立领对襟无纽扣配腰带装饰，裤子为搭配盛装的花裤，有帽子、腰带、小绑布、绑腿带装饰，与男子花衣形制基本相似（表2-16）。女童服饰有贯头衣、百褶裙、帽子、腰带、吊花、小绑布、绑腿带装饰（表2-17）。女童贯头衣（除尺寸外）同样与成年女子贯头衣形制完全相同；上衣无领（上部正中留口不缝合为领），由前幅、后幅、连衣袖三部分组成；长度至裙腰，腋下无扣，两不缝合，仅肩角处相连，胸前为一块与肩宽相等的长方形布块，与前片等宽的正方形后背及下摆装饰有蜡染、绣花图案，前后衣片两侧装有袖窿布环。

表 2-16　男童装制作工艺单

款式类别	男童装（童帽、上衣、腰带、裤子、绑腿）		
款式图			

正面　　　　　　　　　　　　　背面

上衣

正面　　　　　　　　　　　　　背面

裤子

童帽　　　　　　　　　　　　　绑腿

腰带

小绑布

材料及染色	手工棉布（幅宽：3拃；手针、染、绣制作）		
缝制工艺	①锁边裁片：将裁剪好的衣片毛边手工锁边处理 ②缝合：采用拱针、回针方法将衣片缝合 ③缝份锁边：衣片缝份为0.5cm，将缝合好的衣片双层或多层锁边		

序号	部位	尺寸	序号	部位	尺寸
1	前衣长（上衣）	2拃（约32cm）	6	袖围	1拃+0.5指长（约20cm）
2	后衣长（上衣）	2拃（约32cm）	7	领围+衣身包边长	15拃（约240cm）
3	胸围	4拃（约64cm）	8	领围+衣身包边宽	1指长（约8cm）
4	腰围	4拃（约64cm）	9	腰带长	6拃（约96cm）
5	袖长	1拃+1指长（约24cm）	10	腰带宽	1.5指长（约12cm）

续表

序号	部位	尺寸	序号	部位	尺寸
11	帽顶布长	2拃+1指长（约40cm）	19	裤片长	2拃+0.5指长（约36cm）
12	帽顶布宽	1拃+0.5指长（约20cm）	20	裤片宽	1拃+1.5指长（约28cm）
13	帽檐布长	2拃+1指长（约40cm）	21	裆片长	1拃+1.5指长（约28cm）
14	帽檐布宽	1.5指长（约12cm）	22	裆片宽	2拃+0.5指长（约40cm）
15	小绑布长	8拃（约128cm）	23	裤口围	1拃+1指长（约24cm）
16	小绑布宽	约1指长+1指宽（约10cm）	24	裤口装饰边长	1拃+1指长（约24cm）
17	绑腿带长	1拃+0.5指长（约20cm）	25	裤口装饰边宽	2指宽（约3cm）
18	绑腿带宽	1拃（约16cm）	26	裤腰围	3拃（约48cm）

表2-17 女童装制作工艺单

款式类别	女童装衣（童帽、上衣、腰带、百褶裙、前挡片、绑腿、吊花）
款式图	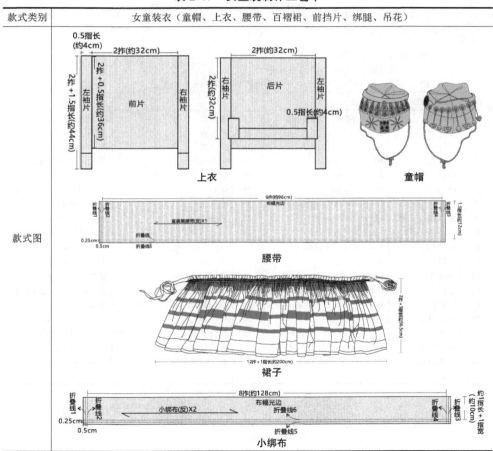

款式图	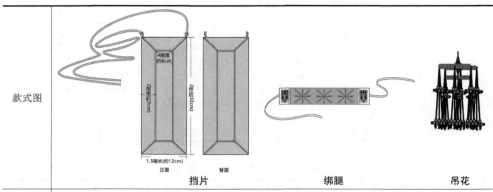 挡片　　　　　　绑腿　　　　　　吊花	

材料及 染色	手工棉布（幅宽：3拃；手针、染、绣制作）
缝制工艺	①锁边裁片：将裁剪好的衣片毛边手工锁边处理 ②缝合：采用拱针、回针方法将衣片缝合 ③缝份锁边：衣片缝份为0.5cm，将缝合好的衣片双层或多层锁边

序号	部位	尺寸	序号	部位	尺寸
1	前片长	2拃+0.5指长（约36cm）	20	腰带长	8拃（约128cm）
2	前片宽	2拃（约32cm）	21	腰带宽	1.5指长（约12cm）
3	后片长	2拃（约32cm）	22	挡片长	2拃（约32cm）
4	后片宽	2拃（约32cm）	23	挡布宽	1.5指长（约12cm）
5	胸围	4拃（约64cm）	24	裙长（不连腰围）	2拃（约32cm）
6	腰围	4拃（约64cm）	25	裙宽	12拃+1指长（约200cm）
7	后摆包边布长	约3拃+3指宽（约53cm）	26	腰头长	3拃（约48cm）
8	后摆包边布宽	1指长（约8cm）	27	腰头宽	0.5指长（约4cm）
9	袖隆宽	0.5指长（约4cm）	28	裙边装饰1长	12拃+1指长（约200cm）
10	袖隆长	5拃+1指长（约88cm）	29	裙边装饰1宽	3指宽（约4.5cm）
11	领围	4拃（约64cm）	30	装饰块长	3指宽（约4.5cm）
12	小绑布长	8拃（约128cm）	31	装饰块宽	3指宽（约4.5cm）
13	小绑布宽	约1指长+1指宽（约10cm）	32	裙边装饰2长	12拃+1指长（约200cm）
14	绑腿带长	1拃+0.5指长（约20cm）	33	裙边装饰2宽	0.5cm
15	绑腿带宽	1拃（约16cm）	34	装饰条长	3指宽（约4.5cm）
16	帽顶布长	2拃+1指长（约40cm）	35	装饰条宽	0.5cm
17	帽顶布宽	1拃+0.5指长（约20cm）	36	裙边托（裙边装饰3）长	12拃（约192cm）
18	帽檐布长	2拃+1指长（约40cm）	37	裙边托（裙边装饰3）宽	2指宽（约3cm）
19	帽檐布宽	1.5指长（约12cm）			

第二节 技艺经验与"约定俗成"

"约定"是社会共同遵循的规则，"俗成"是社会大众形成的习惯。在白裤瑶社会里，服饰技艺存在于社会中且为适应社会发展和需求充分发挥创造性作用。白裤瑶主要集中生活在广西壮族自治区南丹县和贵州的荔波县，这些地区自然条件较为恶劣、交通不便，白裤瑶人生活、劳作始终遵循其族群习惯进行。

一、自制棉布

白裤瑶人认为自制棉布应该从种棉花开始把关，棉花的种植、收成与自制棉布有直接的关系。田野调查时，白裤瑶村民们告诉我们：棉花的播种讲究"天时、地利、人和"，对播种人、时间、地点有一定的要求。关于播种人的选择，播种棉花的人其出生的月份应与播种棉花的时间一致（最好为农历 4 月份出生的人），由与棉花结缘的人将棉花籽播种在土地里，会预示棉花来年会有好的收成。播种时间也有讲究，白裤瑶人将日常生活中的 24 小时用 12 生肖进行划分（每个生肖相当一天中 2 个小时，每个月存在有不同的生肖天）。白裤瑶人认为必须在农历 4 月的"鸡天"的"鸡时"把棉花种子播种在地里，有祈求平安、祈盼丰收之意。种植地点则是海拔约 1000m 的山坡。棉花的枝叶长到一定程度要进行修剪，否则会影响棉花的生长与产量。他们常以"枝到不等时，时到不等枝"的话语形容对棉花的护理过程。意思是棉籽播种、棉花苗长出的 1 个月后，要将出苗多余的茎去除（留下嫩叶部分，待棉花再经过一定的时间长到一定的高度，将其顶端部分掐除，即摘心整枝，避免了棉花营养浪费，促进侧枝生长），这是第一次护理。2 ～ 3 个月后，拔除棉花地里周边的杂草为第二次护理。种苗 5 个月后（一般在 9 月份），棉花渐渐成熟开花（有白色花、浅红色花，红色花花期是从浅红色一段时间后逐渐变成深红色），待花凋谢后留下绿色的棉铃，在阳光的反复照射下棉铃自行成熟并裂开，露出白色的绒状物（棉花）。每年农忙时节，白裤瑶人开始采摘棉花，将其在阳光下晾晒。农历的 11 月至 12 月，白裤瑶人开始将晾晒好的棉花进行分离加工，即轧棉。起初的方法是借助细长的铁制碾轴去除棉花籽（用一压辊搓滚，使纤维被压在压辊和托板之间并利用摩擦力留在两者扣口线的前方,棉籽则被挡在压辊和托板的接触扣口线后方,并随压辊的搓滚运动向后移动)。由于这种方法轧棉效果一般,后采用"木制轧棉机"来代替"铁制碾轴"来完成此任务。"木制轧棉机"轧棉一般都是几个人相约一起共同完成的。机器与人的作用过程中,一方面分离出纺线织布的棉花纤维,另一方面分离出棉籽。白裤瑶人将机器分离出的棉籽用口袋装好储藏保管(为来年继续种植棉花用),将机器分离出的棉花纤维"弹棉"处理(增加棉花纤维蓬松度)。弹棉,又称"弹棉花""弹棉絮""弹花",是中国传统手工艺之一,其目的是让棉(纤维)蓬松、去除其中的杂物。这是纺纱线前的一道工序。以前的白裤瑶妇女是用木棒对棉进行反复敲打完成此工序,使棉花变得蓬松紧凑且成为一体。后来这种方法逐渐被木制弹弓取代。大家根据个人的习惯用竹制作可长可短的弹弓,两头用绳弦绷紧,通过用榔头敲击弓上的弦来沾取棉花使其蓬松。

(一)纺纱

当棉花纤维处理完成后,开始纺纱——给棉纤维加捻工艺。白裤瑶妇女会借助纺纱工具"卧式手摇纺车"一人操作完成(纺纱)工序。白裤瑶妇女纺纱是利用其左右手同时操控"锭子"与"绳轮"(左手捏住棉条纺纱线,右手控制绳轮),"锭子"与"绳轮"保持在同一水平线上,通过右手不停地摇动"绳轮",使"锭子"在"绳轮"的带动下转动起来。纺者将棉条一头的(部分)纤维粘在锭子上,在锭子的转速下使棉纤维"捻"成纱线完成的。在这一技艺步骤中,纺车实际上只有"卷绕"和"旋转"的功能,而牵伸则依赖纺者的手与"锭子"共同完成纤维条,形成线的牵引工作。手在"绳轮"驱动"锭子"旋转中与"抽拉"棉条形成线,"绳轮""锭子""手"把纤维拉伸成"线"建立了有规律的相辅相成关系,在纺车的作用下,使棉纤维逐渐达到纱线预定的"细度"。白裤瑶熟练的纺者由于左、右手匀速运动的合理搭配,牵伸的速度与棉线的均匀程度均十分稳定。这种手工与半机械相结合的操作方法,大大地提高了纱线的完成产量。

织布的棉纱线必须具备一定的柔软度和韧性,这样织出来的棉布才够结实、硬挺。因此,棉纤维纺纱完成后,妇女们将展开对纱线的处理工作。纱线的处理主要是采用草灰水煮纱和山药、牛油、蜂蜡水煮纱,如表2-18所示。

第一步：草灰水煮纱。草灰水煮纱首先是选择成"灰"的草，白裤瑶人认为草灰水用的草必须是每年八九月稻子收割后最新鲜的稻草，把它们放到田间或空地上烧成灰装在袋子里，然后准备一个竹篮，篮子下层放一层稻草和一层土布作为过滤网，将稻草灰放进篮子里（过滤网上），加温水过滤出草灰水。草灰水完成后，将过滤的草灰水与棉纱线一同放进锅中，在锅里另放一个玉米棒作为"定时器"。锅上盖上一层胶布，用大火煮纱，煮纱的时间一般约4个小时（观察玉米棒至完全裂开），将纱线捞出、拧干放进清水中洗涤干净晾晒，草灰水煮纱完成。

第二步：山茹、牛油、蜂蜡水煮纱。山茹、牛油、蜂蜡水煮纱同样是选择山茹（比例为十斤棉线需要八斤山茹）用刷子清洗干净，去皮，在木盆中捣碎成黏泥状，加入清水，用稻草秆包住山茹在水中反复揉搓（因山茹泥太滑，使用稻草秆便于揉搓出汁液），直到清水变成黏稠的乳白色液体。再取蜂蜡融化后，加入牛油混合成汁液。准备一口大锅将山茹汁液放进锅中，待山茹汁液在锅中完全煮开后，再将牛油与蜂蜡混合汁倒入并搅拌，待山茹、牛油、蜂蜡汁完全融合后，将草灰水煮过晾干的纱线放入锅中边煮边用木棍搅拌，直到汁液完全浸透纱线，取出拧干纱线并晾晒。

纱线的"煮"处理过程完成后，要将"框型"状的纱线转移到纱筒上，为织布前的"跑纱"工序做准备。白裤瑶妇女习惯用一种与"卧式手摇纺车"相同原理的"卧式手摇缠线车"来完成此道工序。将煮好取出的纱线整理整齐后套在缠线车的"撑圈"上，把缠线车的另一头放上筒状的"缠纱芯"，找出"撑圈"上纱线的"头"并将其缠绕在筒状的"缠纱芯"上。缠线车轮轴驱动"撑圈"，轮轴同时也驱动着筒状的"缠纱芯"，使"撑圈"上的纱线转动自然转移到"缠纱芯"上。在这个工艺环节里，白裤瑶人不光只追求纱线转移中"缠纱"的质量，他们对断裂的纱进行拼接，拼接讲究"连"而不"显"，意思是既要将断裂的纱线连接，又要考虑使连接后的纱线紧致光滑。他们认为，这样拼接的断裂纱线才能适应后续的工艺流程的要求。

表 2-18　白裤瑶煮纱与缠纱工艺

第一步　草灰水煮纱	

稻草灰

过滤的稻草灰水

加入玉米棒做"定时器"

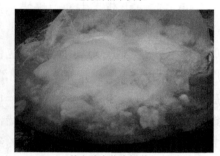

盖上胶布作为锅盖

煮纱

第二步　山芍、牛油、蜂蜡水煮纱

山芍

牛油

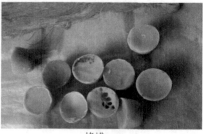

蜂蜡

续表

	第一步　整理线圈	第二步　线圈套在转纱机上	第三步　连接线头
缠纱			
	第四步　梳理打结的线	第五步　转动手柄把线绕成团	

（二）跑纱、穿筘

跑纱、穿筘工艺是织布前对经纱上机前的排列布局。主要利用竹竿、木桩、木槌、跑纱机、铁筘与穿筘刀等工具，按幅宽布局经纱位置。把 10 个棉线团装到跑纱机上，在事先丈量并定桩的空场地上徒步来回沿跑纱路径环绕，将纱线由下到上有规律地盘绕在木桩上。具体步骤有定桩、纱团上机、跑纱、穿筘。跑纱过程由 3～5 名白裤瑶妇女共同完成。具体分工为一人在转折桩处穿铁筘，其余几人根据跑纱路径反复完成其过程。跑纱路径为从起点桩开始跑纱，最终在起点桩结束。

依据棉纱的数量，用竹竿在空场地上进行测量，定出打桩的点，为经纱长度位置布局。测量好场地大小，定出起点 a（跑纱由此开始也由此结束）、折点 b（跑纱路径的转折点）和中间分流点位置 c（跑纱中间经线的支撑位）（表 2-19）。在确定的方位点上将木桩定位，木桩与木桩按照回字走向规律排列，形成跑纱路径。将跑纱机后端的竹竿卸下，使竹竿从棉线团的空芯位穿过，再将上好纱团的竹竿套回跑纱机上，找出每个纱团的线头从对应跑纱机的前端小孔穿出。a、b、c、d、e、f、g、h、i、j线团上机后，按照纱团 a 对应孔 1、纱团 b 对应孔 2、纱团 c 对应孔 3……的顺序将纱头分别从对应的孔中穿出。

跑纱以 3 人一组，每组分别将跑纱机上小孔穿出的 10 根纱按次序打结成 5 对，套在点 a 桩上。从起点桩位置开始，在木桩固定好的路径范围内，由 1 人穿箔，2 人进行跑纱。从起点 a 出发，依照的跑纱路径，由内向外，围绕路径环绕。将纱线由下而上平行环绕在木桩之上，以"8"字形绕过分流点 c 处至折点 b 后，原路返回至起点 a。至此为一个来回。来回的次数根据纱线的重量来决定。

箔是指织布机上用来分离经线、确定布面幅度的工具。将箔平行绑在折点 b 桩上，穿箔刀绳绑在箔的下端。如表 2-19 中示意图所示，从箔的下端点 a 间隙开始，对应折点 b 桩上的经线点 a，在穿箔刀的作用下使经纱通过箔间隙。穿箔刀从箔的间隙将经线套住，并使其通过箔间隙后，保持穿箔刀绳在经纱环的中间。

表 2-19　白裤瑶跑纱、穿箔工艺

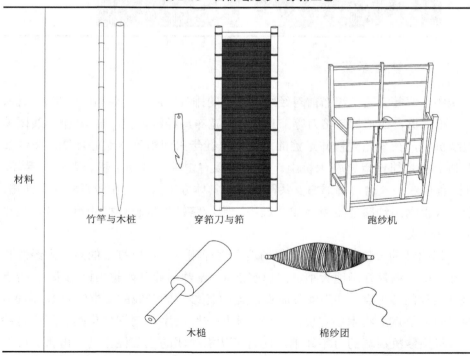

跑纱

第一步 定点打桩、线团上机

定点打桩

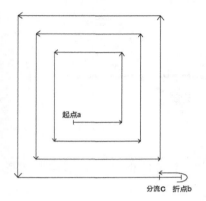

起点a

分流c 折点b

线团上机

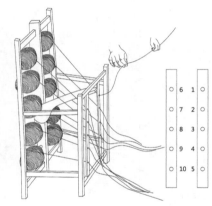

第二步 跑纱路径

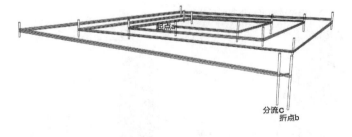

起点a

分流c
折点b

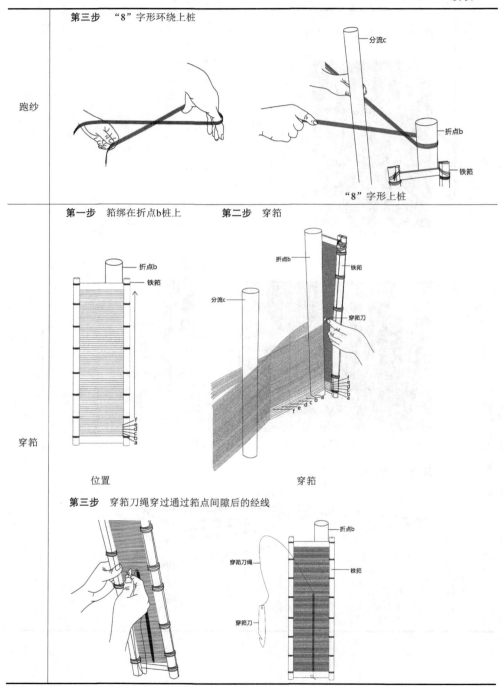

跑纱

第三步 "8"字形环绕上桩

"8"字形上桩

穿筘

第一步 筘绑在折点b桩上　　第二步 穿筘

位置　　　　　　　　　穿筘

第三步 穿筘刀绳穿过通过筘点间隙后的经线

（三）梳纱、卷纱

穿筘结束后进行纱线上机步骤前的梳纱和卷纱工序。如表 2-20 所示，梳纱和卷纱的工具包括卷纱轴、扁担、分离竹筒、卷纱中轴 A、挑杆、木梳、绳子。将卷纱中轴 A 替代穿筘刀绳位置；分离竹筒 1、2 替代分流点 c 桩、折点 b 桩位置，从卷纱中轴 A 处开始梳纱。方法：用事先准备好的绳子把分流点 c 桩、折点 b 桩已经分隔的上下两层纱线分别捆扎；拉紧穿筘刀尾部的线，将穿过铁筘的经纱圈拉出一定的松量，插入卷纱中轴 A。双手用力拉紧卷纱中轴 A，使纱线与地面平行，由一人在最前端用木梳梳纱，铁筘同时向前推进，在约 120cm 处停下。一人向上拉紧铁筘前面用来分离两层纱线的绳子使纱线自然分层。在铁筘的后端与卷纱中轴 A 的中间处，将两根分离竹筒分别放在两层纱线之间，并在分离竹筒的尾端用绳子连接固定。一人在最前端用木梳梳理纱线，一人双手扶铁筘跟在其后；另外两人分别站在竹筒两端，双手紧握竹筒，左右来回转动竹筒，向前移动。

梳纱约 2m 时，将整理好的部分卷到卷纱轴上。拉紧卷纱中轴 A 使纱线平行于地面；在腰后绑上一根扁担，卷纱轴放在卷纱中轴 A 下，使卷纱中轴 A 架在卷纱中轴 B 的两端隔离桩上；扁担两头分别通过绳子与转纱中轴 B 两头的凹槽处连接，并留出人的站位；双手握住卷纱轴的隔离桩向下推，梳理好的纱线就自然卷在轴上。卷纱过程中，每两个隔离桩中间夹一根竹条，用来分离纱线，使织布时纱线更为整齐。

表 2-20　白裤瑶梳纱、卷纱工艺

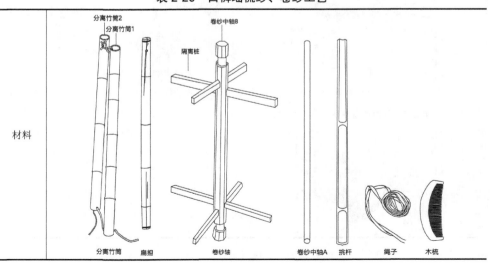

续表

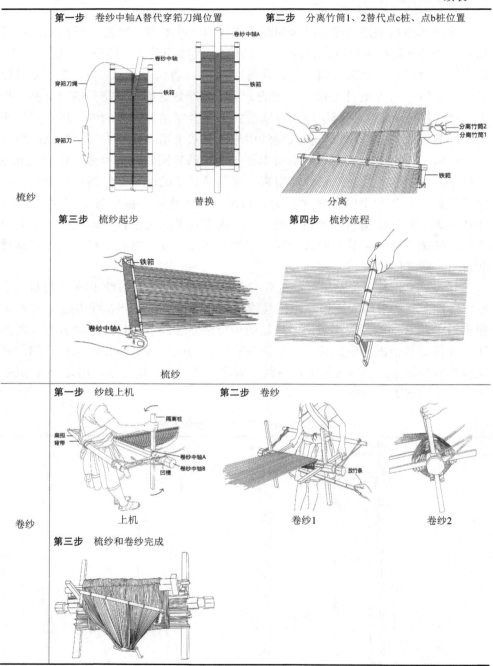

（四）穿综、织布

结束了梳纱、卷纱工序，将经纱的另一头穿过网综，然后装机织布。如表 2-21 所示，取出准备好的网综，将上下两层纱分别按照顺序穿过网综，网综的穿线方法是奇数纱从后综综眼穿过，拉至前综处从综眼穿过；偶数纱从后综综眼穿过，拉至前综从两个综眼的间隙穿过。网综穿好后，将经纱卷轴装在织布机上开始织布。织布工是通过网综套环分别把单、双数的经纱综框联系起来，综框在织机装置的作用下交错提升经纱，使纬纱交错穿入，当整个经纱组成的经面被纬纱交织以后就形成织物。

表 2-21　白裤瑶穿综、织布工艺

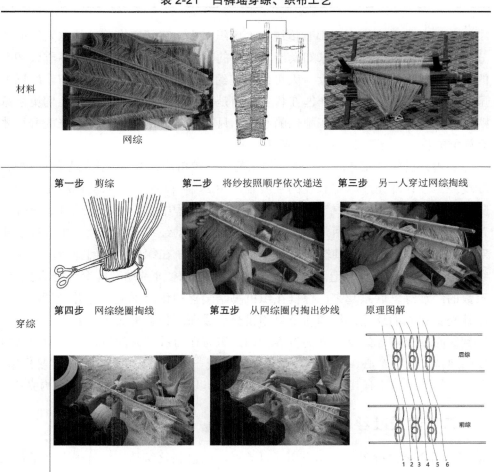

| 织布 | 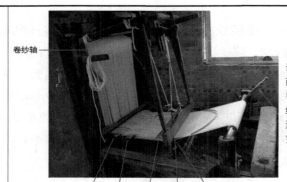 | 说明：织造者脚踩踏脚板分别带动两片综扣，从而使两片综扣上下交替升降带动经线发生错位，单数经纱和双数经纱相分离的部分便交叉形成一个织口，梭子在织口中来回穿梭就是布织造形成的过程。 |

卷纱轴

分离竹筒2 分离竹筒1 网综 纬纱通道 铁箱

    白裤瑶几乎家家户户都有传统的木质织布机，它是室内家具的重要组成部分。织布手艺也是辨别一家妇女能干与否的重要标志。织布一般在冬季或初春的农闲时节进行，一个妇女一天可织出宽约48cm、长约3.3m的土布。圩场上虽然已经有工业化生产的布匹在售卖，但是很少有妇女前去光顾，她们更愿意购买纱线纺织成布，也许在她们的心中，只有自己织造的土布做出来的服饰才有族群的特色，穿起来才会自在灵活。

    白裤瑶的纺纱工艺较为简单，纺出的纱支较粗，只能织造出粗厚的平纹布。纱线经跑纱计算完成一定长度的经线轴，然后穿综上机。织布的织机是双棕双脚踏木机，只能织造平纹组织的棉布。在织造过程中，织造者脚踩踏脚板分别带动两片综扣，从而使两片综扣上下交替升降带动经线发生错位，单数经纱和双数经纱相分离的部分便交叉形成一个织口，梭子在织口中来回穿梭就是布的织造形成过程。整个制造过程是制造者通过脚踏木机带动网综套环分别把单、双数的经纱综框联系起来，综框在织机脚踏装置的作用下交错提升经纱，形成纬纱交错穿入的通道，经纬的反复相错交织成面织物就形成了。我们在考察中遇到织布的白裤瑶妇女，她们告诉我们，织布在白裤瑶人的日常生活中占有重要的地位，是一个心、眼、手、脚、脑协调统一的工作，稍有不慎就容易出错，而且一年中因为还有其他劳作需要花时间，所以织布必须在规定的工期内完成。

二、养蚕吐丝自制丝织品

    生活之余白裤瑶人每年农历2月养蚕，以自制丝织品。白裤瑶人几乎每家都养蚕，每家都为来年的养蚕吐丝保留蚕卵。养蚕的第一步是孵化，方法是将蚕卵挂于炉灶上一米左右处，借助每日做饭时的火温进行孵化，或用布包裹置于人衣服或被窝内，靠人体温度或棉被的温度进行孵化；孵卵过程一般为3～6天，每隔3天清理一次成型的幼蚕，用羽毛或柔软的物体将幼蚕扫入蚕箱。第二步是养殖，白裤瑶人认为幼蚕须一天喂食四次桑叶，随着幼蚕生长，桑叶量不断增加。幼蚕在喂养10天以后，有时长约为一天的"睡觉"（蜕皮）过程，这个期间幼蚕不进食，睡醒后的幼蚕再喂养10天，进行第二次"睡觉"；再次睡醒后继续喂食7～8天。约农历2月底3月初，蚕的第三次"睡觉"醒来，继续喂养5天左右，这时的金丝蚕下半身和颈脖先是呈现黄色，之后全身通透（有时透明略泛微红），此时金丝蚕不再进食，准备吐丝。第三步是吐丝，白裤瑶人备好干净的木板，将不再进食的金丝蚕放置于木板之上，两天之后金丝蚕吐丝在木板上，会留下一层金色的蚕丝。第四步是产卵，当蚕的吐丝过程完成后，将吐过丝的老蚕放在一起，3～4天后，老蚕蜕变成蚕蛹，将其集中放置于米糠之内，约半月便蜕变成蚕蛾。将蚕蛾放在悬挂着的土布或报纸上，雌雄蚕蛾会进行交配，留下蚕卵。蚕卵悬挂在屋子一角保存，等待来年农历2月进行孵化，延续养蚕吐丝的传统。

由于自制丝织品的工艺较为复杂，囿于篇幅所限，本书不再详述。

第三节　技艺经验与"相沿成习"

白裤瑶服饰文化中，最独特、最能展现族群特征的部分莫过于服饰装饰技艺，如染、刺绣，这是白裤瑶服饰文化的精华，也是该族群世世代代，以家庭、血缘为主线，母女（父子）相传、师徒相袭的结果。

一、刺绣

刺绣同样是白裤瑶先民传下来的一套技艺。瑶族刺绣历史悠久，《后汉书·南蛮传》记载：织绩木皮，染以草实，号五色衣服，制裁皆有尾形。说明汉代瑶族能织木皮为布，已有印染技术，但还未出现挑花刺绣艺术。《隋书·地理志下》记载：长沙郡杂有夷蜒，名曰莫摇……其女子蓝布衫，斑布裙，通无鞋履。从文献记载不难发现，隋代瑶族已有绣花裙出现，说明隋代瑶族已具有刺绣技艺。

刺绣是白裤瑶服饰装饰技艺的又一个表现方法，也是白裤瑶妇女生活的一部分。茶余饭后，村寨、田间山埂，都能看到她们劳作之余拿起绣花针刺绣的情景。白裤瑶村民告诉我们，村里有"瑶山上找不到蹩脚的猎手，也找不到不会绣花的姑娘"之说，他们把男人打猎、女人绣花看成表现性别分工的技能标识。白裤瑶女孩很小（七八岁懂事开始）就开始跟着自己的母亲或姐姐学习刺绣，她们随母亲讨得青色布、彩色线、针等，跟随或聚在母亲身边，或在刺绣的姑娘群中求教刺绣技巧。无论用针法构成图案的特点，还是用绣针引彩线、以绣迹构成花纹图案，她们依照祖辈相传下来的刺绣表现技能"相沿成习"，长大成人后成为以刺绣记录和表达民族文化的能手。

刺绣是在布料上用彩色棉线或蚕丝线绣出各种图案纹样。白裤瑶刺绣的绣布多为靛染后的棉布料，在选择绣花布时还特别讲究布纹线条的挑选，因为线条的大小、均匀、细密都将影响到最终作品的效果。线条越粗糙，绣出来的花纹就越大，反之则越小越精细。绣花布在刺绣前，要先"过水"，即把布撑平折叠成合适的尺寸，然后放到水里不停地过水清洗（为了洗干净留在布上的染料和浆），再晾干才开始绣。白裤瑶刺绣绣线常用的色彩多为红、黄、黑、白、绿等，刺绣的针法基本以"挑花"为主，针法有单线长短挑针排列刺绣、单线长短挑针"Z"字斜挑长短针刺绣、平挑长短针"V"字针铺面刺绣、平挑长短针菱形套井纹和回纹、平直长短针数纱挑花（菱形包回纹）刺绣、斜挑长短针错层刺绣、斜挑长短针包边绣、三角针"山"字刺绣、平针套尾"一"字刺绣、"十"字交叉针刺绣、斜挑长短针菱形双色刺绣、平挑长短针"口"字排列刺绣、平挑长短针错位交叉蛇形纹刺绣、平挑长短针剪刀花刺绣、平针交叉"人仔纹"刺绣等，色线与针法的巧妙结合决定了刺绣造型的多样呈现。

（一）单线长短挑针排列刺绣

斜挑长短针刺绣是白裤瑶服饰出现最多的纹样针法，经常装饰在服装款式的局部和服装配饰的主体上。装饰部位分别为男子（童）花衣下摆（后片）、男子盛装下摆（后片、多层）、女子（童）贯头衣下摆（后片）、女子盛装和贯头衣下摆（后片、多层）、男子（童）花裤裤口、男子（童）绑腿带、女子（童）绑腿带、男子盛装花腰带、童帽等。针法表现为矩形发射状图案，刺绣方法为单线长短挑针排列造型。刺绣路径相对对称。成品花型多以黑白、黑色、彩色交叉构成单位纹造型。斜挑长短针刺绣框架为矩形，分别由"十"字和"X"字纹交错造型为"米"字图形。造型中，"十"字纹中心点留白，"X"字纹中心点相连。刺绣前将图案及花位定格布局。点 o 为花位中心点，由点 o 向四周顺延一个等量单位定出花心"X"造型位，随之标注点 a、b、c、d、e、f、g、h 为"米"字纹发射起点位置，如表 2-22 所示。

表 2-22　斜挑长短针刺绣

效果图	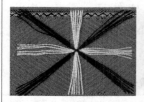		
装饰部位	装饰部位分别为男子（童）花衣下摆（后片）、男子盛装下摆（后片、多层）、女子（童）贯头衣下摆（后片）、女子盛装和贯头衣下摆（后片、多层）、男子（童）花裤裤口、男子（童）绑腿带、女子（童）绑腿带、男子盛装花腰带、童帽等		
造型结构、路径	第一步　图案及花位定格布局 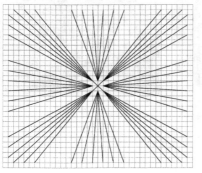 第三步　"米"字纹发射起点起针 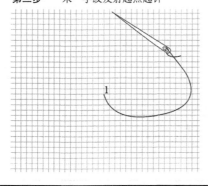	第二步　定出花心"X"造型位 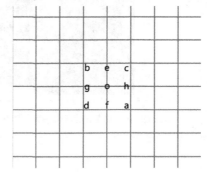 第四步　根据路径刺绣 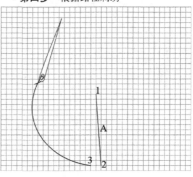	

（二）单线长短挑针"Z"字斜挑长短针刺绣

单线长短挑针"Z"字斜挑长短针刺绣最终的图形呈现为菱形回纹（底纹），常以装饰底纹图案出现在花腰带、绑腿带相应部位。菱形回纹（底纹）刺绣方法为"Z"字斜挑长短针绣法（表2-23）。沿斜线刺绣，走"回"字路径，从外围至中心点结束为一个单位纹。刺绣前将图案及花位定格布局，以点a为绣花起针位置，由点a起针，从点b入针，点c出针，ab线完成；点c出针，从点d入针，点c出针，使cd线完成，点c出针，从点b入针，点e出针，使cb线完成，以此类推。

表 2-23　单线长短挑针"Z"字斜挑长短针刺绣

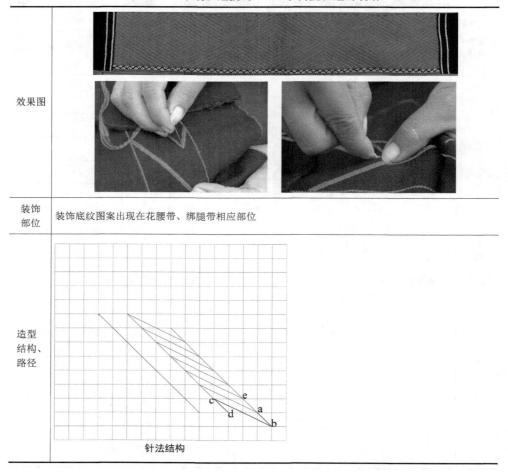

续表

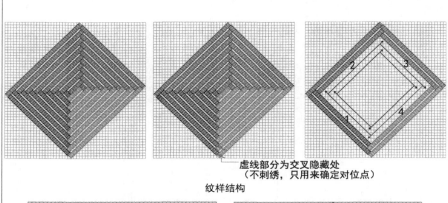

虚线部分为交叉隐藏处
（不刺绣，只用来确定对位点）

纹样结构

造型
结构、
路径

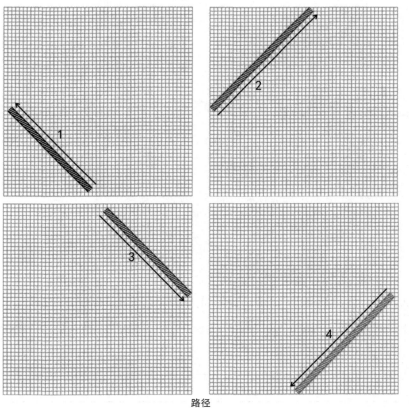

路径

第一步 由点a起针，从点b入针，点c出针，ab线完成

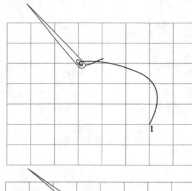

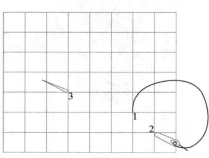

造型
结构、
路径

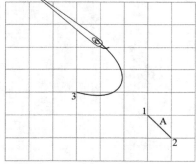

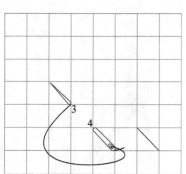

第二步 点c出针，从点d入针，点e出针，使cd线完成

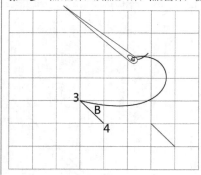

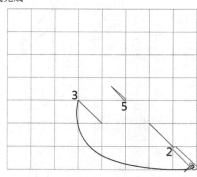

续表

造型结构、路径	第三步 点c出针，从点b入针，点e出针，使cb线完成。以此类推 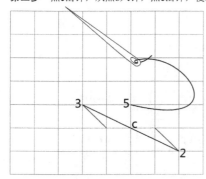

（三）平挑长短针"V"字针铺面刺绣

平挑长短针"V"字针铺面刺绣方法主要以平挑长短针形成"面"，最后以"面"装饰效果出现。该方法多装饰底纹图案，用于男子（童）花裤裤腿纹样和男子盛装花腰带底纹纹样，如表 2-24 所示。平挑长短针"V"字针铺面刺绣是采用平挑长短针形成"面"，平挑长短针在布面上以"V"字针按所需造型宽度重复排列的绣花方法。纹样的形成可归纳为四个部分，即起始纹、自右向左纹、自左向右纹、结尾纹；刺绣顺序为，刺绣前将图案及花位定格布局，设点 a 为绣花起针位置，由点 a 起针，"V"字走向，分别完成 4 个单位纹样排列组合。

表 2-24 平挑长短针"V"字针铺面刺绣

效果图	
装饰部位	装饰底纹图案，出现在男子（童）花裤裤腿纹样上和男子盛装花腰带底纹纹样上

续表

"V"字造型结构、路径

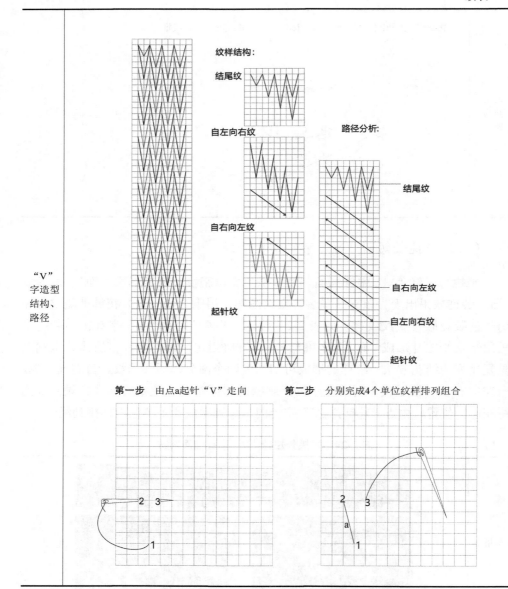

纹样结构：

结尾纹

自左向右纹

自右向左纹

起针纹

路径分析：

结尾纹

自右向左纹

自左向右纹

起针纹

第一步　由点a起针"V"走向

第二步　分别完成4个单位纹样排列组合

续表

"V"字造型结构、路径	第二步　分别完成4个单位纹样排列组合 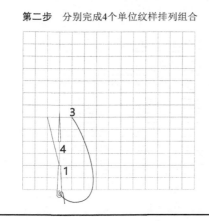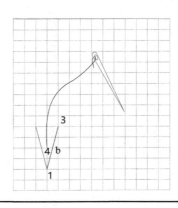

（四）平挑长短针菱形套井纹、回纹刺绣

平挑长短针菱形套井纹、回纹刺绣是采用平直长短针数纱挑花把预期的图案在经纬纱点中进行布局，完成图案的过程。菱形四方连续纹样包含井纹和回纹图案，主要装饰在白裤瑶百褶裙裙边部位。菱形套井纹、回纹的四方连续纹样，每一个菱形单位纹里都包含有井纹、回纹填充。刺绣前将图案及花位定格布局，随纬纱方向定出菱形（包含井纹、回纹）的绣花路径。具体方法如表 2-25 所示。

表 2-25　平挑长短针菱形套井纹、回纹刺绣

效果图	
装饰部位	百褶裙裙边部位

续表

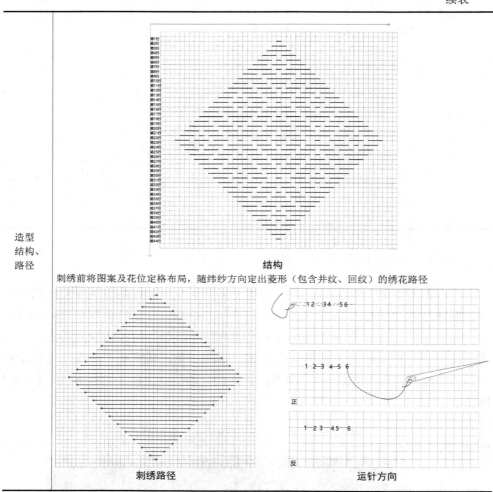

造型结构、路径

结构

刺绣前将图案及花位定格布局，随纬纱方向定出菱形（包含井纹、回纹）的绣花路径

刺绣路径

运针方向

（五）平直长短针数纱挑花（菱形包回纹）刺绣

平直长短针数纱挑花（菱形包回纹）刺绣是由菱形内包含回纹填充的单位纹的四方连续纹样。首先采用平直长短针数纱挑花的方法单色绣出底纹，然后采用十字绣方法双色提花，使布的表面出现阴阳纹理，从而实现图案。刺绣前将图案及花位定格布局（由上向下），再完成绣花步骤。该针法以菱形包回纹刺绣平直长短针数纱挑花四方连续纹样，每一个菱形单位纹里都包含有回纹填充。刺绣前将图案及花位定格布局，随纬纱方向定出菱形（包含回纹）绣花路径。

具体如表 2-26 所示。

表 2-26 平直长短针数纱挑花（菱形包回纹）刺绣

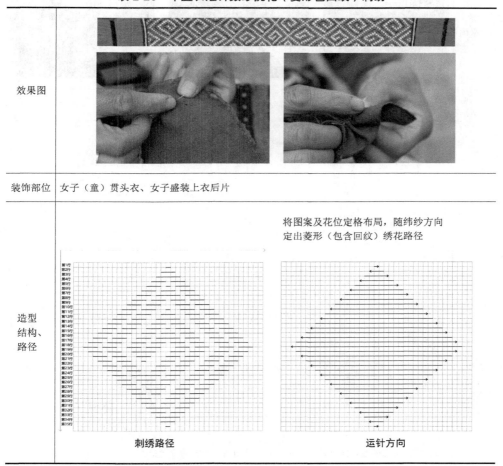

效果图	
装饰部位	女子（童）贯头衣、女子盛装上衣后片
造型结构、路径	将图案及花位定格布局，随纬纱方向定出菱形（包含回纹）绣花路径 刺绣路径　　运针方向

（六）斜挑长短针错层刺绣

斜挑长短针错层刺绣是采用由中心发射到四周（错层）组成发射状"米"字纹样，采用同样的方法将四角为半发射纹样完成图形整体。刺绣是采用斜挑长短针刺绣方法确定两个定位点后，向四周发射顺延为一个矩形单位纹样进行运针。具体如表 2-27 所示。

表 2-27　斜挑长短针错层刺绣

效果图	 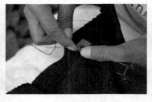 
装饰 部位	花腰带、绑腿带、天堂被、葬礼绣片、女子上衣后片下摆处、童帽等
造型 结构、 路径	点i对应点a，点j对应点b，完成整个步骤 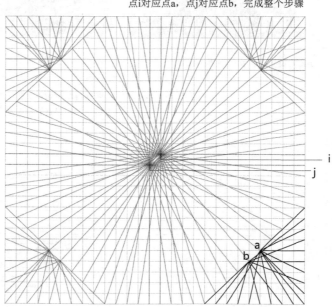 **结构路径** 确定两个定位点后，向四周发射顺延为一个矩形单位纹样进行运针 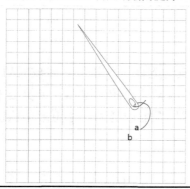 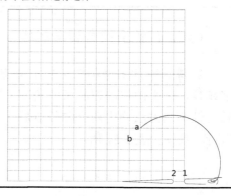

续表

造型
结构、
路径

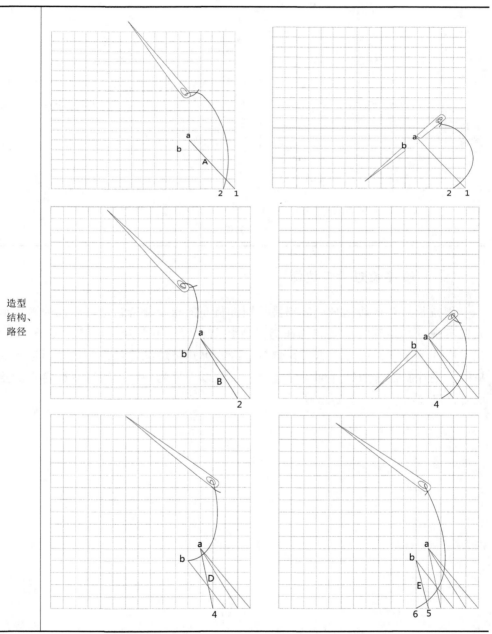

续表

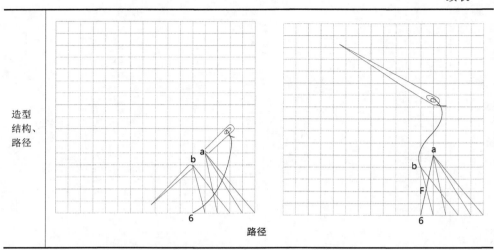

造型
结构、
路径

路径

（七）斜挑长短针包边绣

斜挑长短针包边绣是通过斜挑长短针将布的正反复合包边，用线的密集形成包裹视觉。该刺绣主要装饰在男子盛装上衣后片下摆开叉边缘、男子（童）花衣后片下摆开叉边缘、男子花腰带边缘、绑腿带边缘等部位。是在锁边针的基础上进行斜挑长短针延伸，包边绣单位纹以 5 个为一组，通过套针将布的正反复合包边。具体如表 2-28 所示。

表 2-28　斜挑长短针包边绣

效果图	
装饰部位	男子盛装上衣后片下摆开叉边缘、男子（童）花衣后片下摆开叉边缘、男子花腰带边缘、绑腿带边缘等部位
造型结构、路径	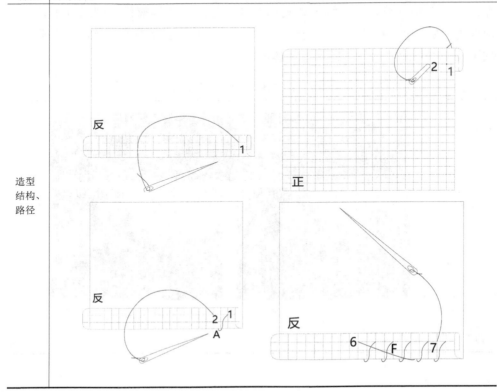

续表

造型结构、路径	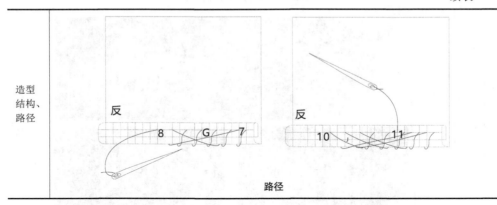

路径

（八）三角针"山"字刺绣

三角针"山"字刺绣是平挑三角短针连续重复成"山"形纹样从而形成连绵的"山"字图形。该刺绣主要装饰在绑腿带的边缘等部位。刺绣以平挑三角短针为"V"字，按照一定方向运针，以一个"V"字纹为单位纹，从右至左依次重复排列形成"山"字图形。具体如表 2-29 所示。

表 2-29　三角针"山"字刺绣

效果图	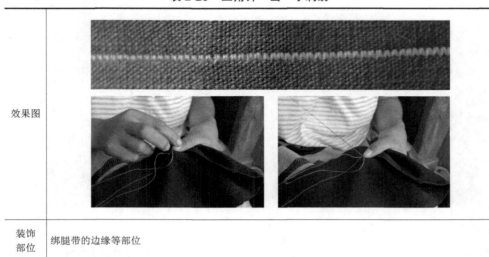
装饰部位	绑腿带的边缘等部位

续表

造型结构、路径	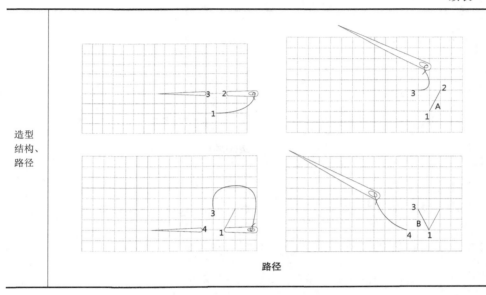
	路径

（九）平针套尾 "一" 字刺绣

平针套尾 "一" 字刺绣是采用平直长短回针结合 "套尾" 的刺绣方法，使图形形成 "一" 字。刺绣时放线迹的余量，即在拉线收针时，让针夹紧在面线与布面之间，拽牢线的尾端，以使面线与布面之间形成一定高度的拱起。具体如表 2-30 所示。

表 2-30 平针套尾 "一" 字刺绣

效果图	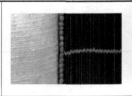		
装饰部位	男子黑衣裤子裤脚口装饰部位		

续表

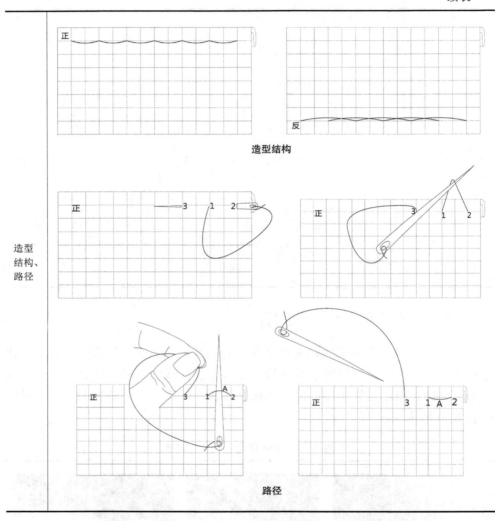

造型结构

造型
结构、
路径

路径

（十）"十"字交叉针刺绣

　　用"十"字交叉针法运针完成图形，可采用单色、双色或者多色构成单位纹，"十"字交叉针刺绣框架为"十"字平挑针，运针时先右下至左上，再右上至左下，交叉形成一个"十"字单位纹。具体如表 2-31 所示。

表 2-31 "十"字交叉针刺绣

效果图	  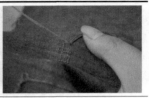
装饰部位	女子贯头衣后片、男子裤口和绑腿带、男子盛装花腰带、天堂被、腰间挂饰上
造型结构、路径	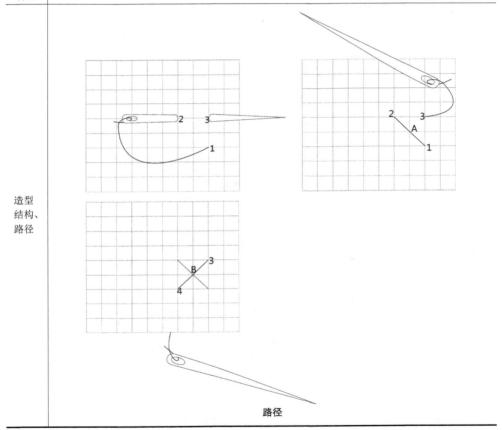

（十一）斜挑长短针菱形双色刺绣

斜挑长短针菱形双色刺绣骨骼为一个大的"X"字纹和四个小"V"字纹组合而成。刺绣中，单色A线起针，根据花型骨骼刺绣并预留花位；单色B线起针，根据花型骨骼将刺绣预留花位填补，二者重复完成纹样造型。具体如表2-32所示。

表 2-32　斜挑长短针菱形双色刺绣

效果图	
装饰部位	男子花裤裤脚处
造型结构、路径	 结构

造型
结构、
路径

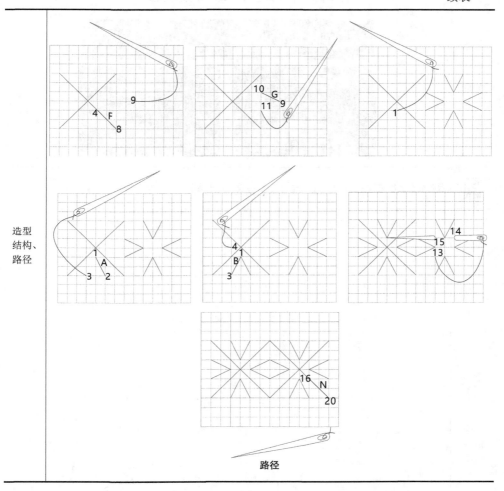

（十二）平挑长短针"口"字排列刺绣

该刺绣方法使采用平挑长短运针形成"口"字排列成面，以底纹与其他针法交叉完成装饰图形。具体如表 2-33 所示。

表 2-33　平挑长短针"口"字排列刺绣

效果图	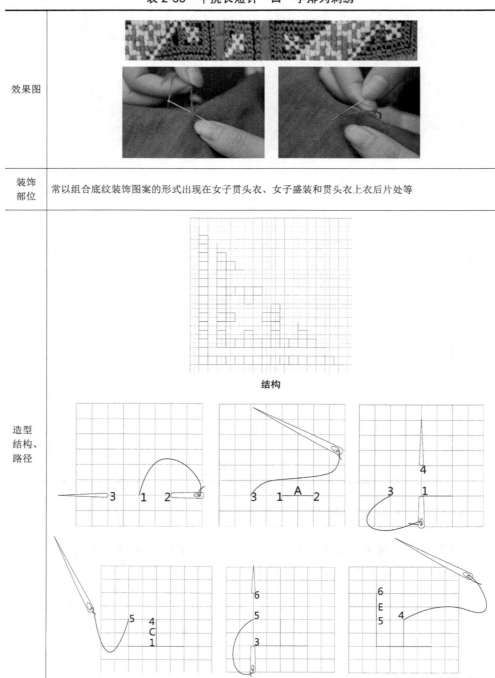
装饰部位	常以组合底纹装饰图案的形式出现在女子贯头衣、女子盛装和贯头衣上衣后片处等
造型结构、路径	结构

续表

造型结构、路径	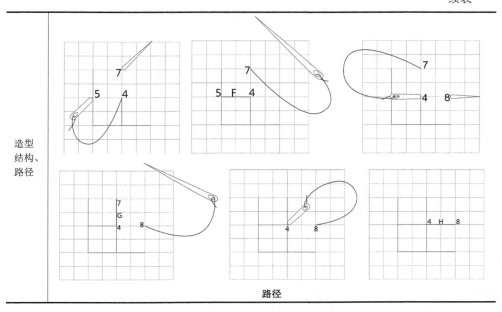
	路径

（十三）平挑长短针错位交叉蛇形纹刺绣

该刺绣方法是采用平挑长短针错位交叉刺绣（类似于"十"字绣），但两线交叉的点不再是中点，而是约三等分点处相交叉形成图形，如表2-34所示。

表2-34　平挑长短针错位交叉蛇形纹刺绣

效果图	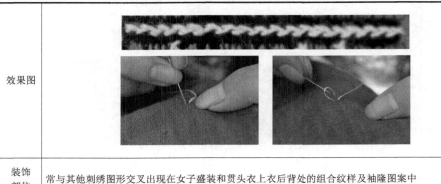
装饰部位	常与其他刺绣图形交叉出现在女子盛装和贯头衣上衣后背处的组合纹样及袖隆图案中

续表

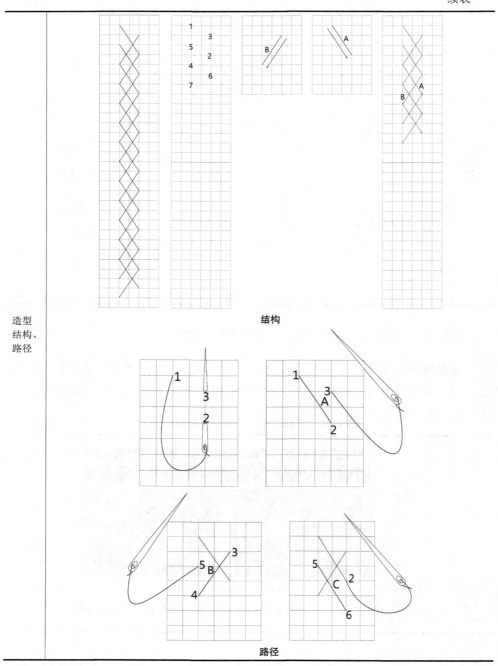

（十四）平挑长短针剪刀花刺绣

刺绣采用平挑长短针完成纹样骨骼。刺绣时，确定出"凹"字一角的起针点，采用平挑长短针完成纹样外骨骼部分；最后确定出（内）菱形一角的起针点完成图形造型。剪刀花是由四边的"凹"字形纹样和中心（内）的一个正菱形纹样组合而成的单位纹样。具体如表 2-35 所示。

表 2-35 平挑长短针剪刀花刺绣

效果图	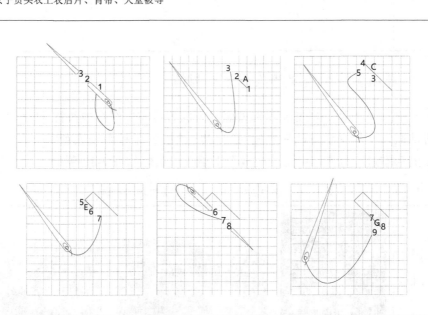
装饰部位	女子贯头衣上衣后片、背带、天堂被等
造型结构、路径	

造型结构、路径	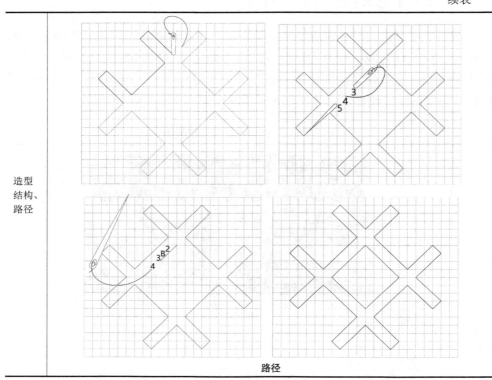
	路径

（十五）平针交叉"人仔纹"刺绣

该刺绣方法是以交叉平针按照一定的方位布局组合成纹样（"人仔纹"刺绣方法同"十"字绣方法基本相同），以一个交叉平针组合成刺绣单位纹，按照所需的形态进行分布运针最后完成图形组合。具体如表2-36所示。

表2-36　平针交叉"人仔纹"刺绣

效果图			

装饰部位	常装饰在天堂被、葬礼绣片上
造型结构、路径	

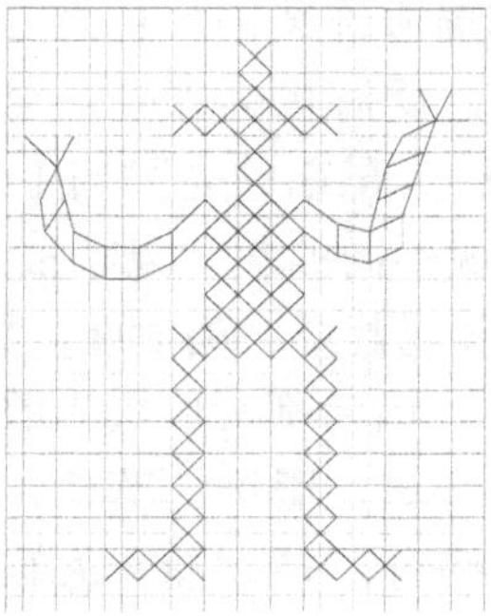

结构

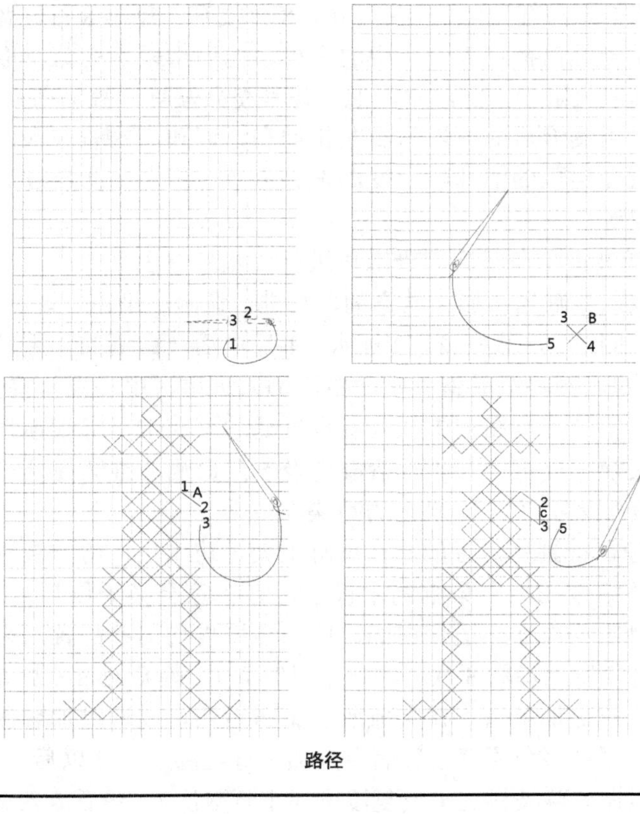

路径

二、染色

(一) 植物染色

天然植物染色是白裤瑶服饰装饰特色之一。白裤瑶聚居的里湖、八圩为石灰岩溶蚀峰丛洼地石山区，受海拔的影响，交通不便，少与外界交流。且村寨丛林密布，有许多古树古藤。早期的先民们生活、劳作中与漫山遍野的花、果、根、茎、叶、皮接触，发现不同的花、果、根、茎、叶、皮会产生不同的色汁。在反复生活实践中，人们发现蓝草、鸡血藤、薯莨、"咚也篾"（瑶语，即黄柏）、"弄倍竹"（瑶语，即茜草）、山芍都可以成为服装染料。

白裤瑶服饰以蓝色为基调，服饰的蓝色是采集蓝草制作成蓝靛膏染色完成的。在白裤瑶，每家每户都有很多大桶和大缸，用于制作蓝靛膏染布。蓝靛膏是以采集蓝草的枝、叶发酵而成。蓝草，又称蓼蓝、蓼草，属蓼料，一年生草本，茎高约1米，互生叶，7月开花，8月收割。每年8月，蓝草长成，采集蓝草制备蓝靛膏是白裤瑶人一年中的大事。他们将采摘的蓝草取其枝叶放入常年使用的大桶或大缸中，加温水浸泡，让其充分发酵。蓝草在大桶内浸泡数日后，取出蓝草，用浸泡后的汁液与石灰相调和，调和后的石灰水倒入桶内，搅拌至桶内汁液表面出现的泡沫颜色变深发亮为止，静置；次日过滤掉液体，其沉淀物就是蓝靛膏。

蓝靛膏染色是在干净的染缸里进行。蓝靛染色之前，白裤瑶人习惯将适当的蓝靛膏放入大缸里，加上助染剂、水进行调制、染色。调制染料分三步进行。第一步，按照"2斤蓝靛膏、4桶水、1斤白酒（白酒的作用是使蓝靛制作的染料更蓝）"的比例将蓝靛膏、水、白酒倒入缸中，用一根竹棍搅拌缸中的染料，直到溶解。第二步，在缸中加入温水过滤的草灰水，继续搅拌均匀后静置。第三步，每天晚上向缸中加1斤蓝靛膏及5两白酒，继续搅拌均匀静置，一周后缸中的染液自然发"黑"，此时方可染布。

染布是在染缸里进行的。在染缸上架一块木板，将布浸泡在缸中2小时左右，拿出并摆放在架在染缸的木板上，等布晾至半干以后，再放入缸内染色。缸内的染料需再次加入适量白酒，用木棍搅拌均匀并静置，之后才能将布浸泡在缸内，重复以上步骤3次（约一个月时间），蓝靛染布才算完成。为了使蓝靛染好的布色彩更加丰富，在完成蓝靛染布后还可以通过加薯莨、山芍的方法进行二次染色。将整个薯莨放进锅中煮沸（直至沸水变红以后），将蓝靛染好的布晒干后浸泡在薯莨染料之中反复浸染（重复数次），然后放入温水过滤的野山芍水中浸泡约3天，成色染完。

　　除蓝靛染技艺外，白裤瑶人还有利用植物"咚也篾"、"弄倍竹"染蚕丝布的技艺。如图 2-2 所示，将"咚也篾"根茎劈开，只要里面嫩黄色的部分，放进锅里沸水煮开，直至沸水变成黄色，把锅里煮沸呈黄色的染料倒入盆中，拿出蚕丝布浸泡在染料中反复揉搓，使蚕丝布全部浸上染料，拧干；再次添加煮沸的黄色染料，将蚕丝布再次揉搓，拧干晾晒后染色完成。成品如图 2-3 所示。

图 2-2　染黄色蚕丝布大致流程

白裤瑶妇女告诉我们，在"咚也篾"煮沸的黄色染料水中加入植物"弄倍竹"叶子，通过揉搓可以得到红色的染液。具体方法为：取植物"弄倍竹"去掉枝干只留下叶子放入盆中，将"咚也篾"煮沸的黄色染料水倒进盆子中，用力揉搓盆中的叶子直至液体变红，红色染料形成。同样方法把蚕丝布浸泡在盆中红色染料里，反复揉搓使蚕丝布全部浸上染料变红色，拧干，再次添加红色染料到盆中，将蚕丝布再次揉搓，拧干晾晒后染色完成。成品如图2-4所示。

图 2-3　染好的黄色蚕丝布　　　　　图 2-4　晾晒红色蚕丝布

（二）粘膏防染

布料的粘膏防染工艺是白裤瑶族群独特的染色方法，该技术为借助粘膏防染达到染色的目的。白裤瑶地区盛产一种树，有着特殊的汁液，经调配可形成特有的绘画材料，当地人称这种树为粘膏树。这种奇特的树下粗上细，且树上斑斑驳驳，布满像蜂巢一样的孔洞。粘膏树可以提供粘膏汁液，3～4月份种植棉花的同时就可以采集粘膏，用工具在粘膏树上凿许多小树坑，让粘膏汁液慢慢从树中流出积累在树坑内，待积存到一定数量时便把它从树坑里取出来放在清水里搓洗干净，去掉掺杂的树皮杂质，然后与牛油一起熬制，形成混合液体，通过冷却凝结成固体。因为每年取回的新鲜粘膏是有限的，因此，熬制粘膏时会加入往年剩下的粘膏牛油混合物一同熬制，重复利用。如表2-37所示，熬制粘膏是在一口大铁锅里进行的，首先将铁锅清洗干净。按照新鲜粘膏1斤加2～3两牛油、反复使用过的粘膏1斤加1两牛油的比例，先将新鲜粘膏放入锅中加热搅拌，等待全部熔化成液体时，加入往年熬制使用剩下的粘膏牛油混合物一同熬制（旧的粘膏混合物因使用过程中会沾染染料，因此颜色呈藏蓝色）。待粘膏全部化为液体后，将称量好的牛油切碎放进锅中不停搅拌，待液体能顺

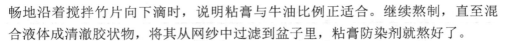

畅地沿着搅拌竹片向下滴时，说明粘膏与牛油比例正适合。继续熬制，直至混合液体成清澈胶状物，将其从网纱中过滤到盆子里，粘膏防染剂就熬好了。

粘膏防染剂熬制成功后，就可以在白布上绘制图案样式。通常粘膏防染均在秋冬季进行（因夏季温度太高，粘膏容易融化）。将自织土布平铺在绘画的案板上；用鹅卵石或光滑的木棒来回磨压，使布光滑平整，简单绘制图案布局。将粘膏防染剂置于炉火之上加热，使其化为液体，用画刀蘸取粘膏液于画布上绘制图案，不同规格的画刀层层绘制，大画刀绘制直线与曲线，小画刀绘制图案细节。根据需要，将图案及需留白的地方或需淡染处全部铺满粘膏，之后进行染色。将画好的粘膏画布放进染缸中浸泡（一天 3 次），晚上将布捞出放在染缸的木板上，第二天再将布放进染缸中浸泡染色，重复 5 天后，将其洗净晾干再继续染色。如此步骤重复 1 个月的时间即可。为了记录、表达不同的情感，白裤瑶人用蓝靛、鸡血藤染色，以形成颜色不同的图案效果。脱膏即是烧草木灰后过滤出水，放在锅中煮沸，将染好的粘膏画布放进锅里小火慢煮，直至去除画布上的所有粘膏为止，原来画的图案即在布上显现。脱膏后的画布一般放在蓝靛水中浸泡 2～3 分钟，以使画布的白色部分染成淡蓝色。

粘膏防染与苗族蜡染相似，都是用刀蘸液体状粘膏防染剂绘画于布后以蓝靛浸染，去除粘膏防染剂后布面就呈现出蓝底白花或白底蓝花的多种图案。由于粘膏防染图案丰富，色调素雅，风格独特，用这样的布制作白裤瑶服饰装饰就显得朴实大方、清新悦目，富有民族特色。粘膏防染工艺是白裤瑶族群独特的染色方法，其与刺绣相结合，将白裤瑶历史转存为民族文化符号呈现在服饰图形之中。

表 2-37　粘膏防染工艺流程

装饰部位	女子（童）贯头衣背部大方形图形与娃仔背带方形图案
熬制粘膏	**第一步**　新鲜粘膏与旧粘膏混合熬制  

续表

熬制粘膏	**第二步** 牛油入锅与粘膏混合 	**第三步** 熬制、过滤 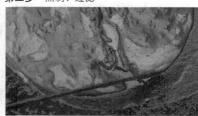
	第三步 熬制、过滤 	**第四步** 冷却做粘膏扣 
绘制图案	**第一步** 画刀绘制图案 	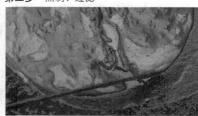
		**第二步** 完成的粘膏画图 

续表

染色、脱膏	第一步　画布染色前 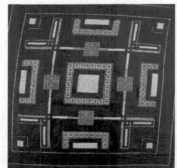	第二步　画布染色后 
	第三步　脱膏后的画布 	第四步　染好的粘膏画布 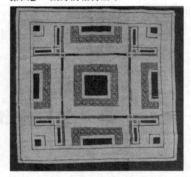

白裤瑶服饰通过造型、色彩、材料、装饰等呈现出来浓烈、粗犷、直白、简朴、纯真等，以多视点、多视角反映出潜在的族群情感意蕴。与白裤瑶服饰的形制、材料、装饰相关的纺纱织布、材料染绣、剪裁缝制等加工工艺，一方面充当了文化的记载功能，使白裤瑶的历史境遇通过神秘的符号代代相传；另一方面又可作为认知与审美的载体，表达白裤瑶族群对于理想与现实、个体与族群、自然与生命的艺术情感。因此，白裤瑶服饰成为区别于其他民族独特的族群文化景观。

第一节　服饰配饰与民族文化

白裤瑶服饰配饰是指除主体衣裳装（上衣、裤子、裙子）外，增加在头、颈、肩、腰、臂、手、腕、腿、脚等部位的配饰物。

白裤瑶服饰是利用本族群地域所特有的材料制作而成。受自然环境、经济形态和生活习俗的影响，服饰的实用性、艺术性除表现在其形制、材料、色彩等方面外，包头巾、吊花、腰带、绑腿等配饰物也是其服饰美表现的延伸，是白裤瑶服饰美的体现中不可或缺的部分。

一、头饰

包头是指由发型与帽子或头饰物品组成的人头部上的装饰。包头有其独特的型制、工艺以及系缚方法，呈现出民族生态文化、历史风俗、心理情感、宗教信仰及审美意识。中国民族头饰中融入了各民族的宗教信仰、禁忌、民俗等传统文化，在五彩缤纷的头饰外表中寓意着民族文化的内涵，经过数千年的发展，民族的气质、迁徙的历史、情感的表达、理想美的冲动等内容都积淀在其中。中国各民族的发式和头饰在婚前和婚后有着相当明确的区别，白裤瑶族群也不例外。

（一）男子包头

白裤瑶族群的未婚男、女皆可留短发与光头，结婚以后，头发长到能够着鼻子的长度时就要开始包头，否则会受到本族群其他成员的歧视。白裤瑶男子包头形制分盛装包头、日常（生活）包头两种。盛装包头是指先将白色包头造型完成后再一次包扎黑布，形成双层立体的包头造型，盛装包头是在重大节日里搭配盛装穿着所需的头饰装饰。日常包头是指采用白色包头巾直接包裹男子头部以搭配花衣、黑衣造型，是白裤瑶男子婚后日常生活中的头饰形制。包头布是由白裤瑶妇女自织土布制作而成，白色包头巾长度为 7 拃 +1 指长（约120cm）、宽度为 1.5 指长（约 12cm），保留布幅光边，手工工艺缝制。包头方法如表 3-1 所示：将白色包头巾中间部分对准前额头，双向朝后在额头（后）交叉；用嘴巴固定头巾一边，双手旋转头巾另一边，同样的方法，将旋转后的头巾一边用嘴巴固定，旋转头巾另一边；最后将旋转好的螺旋状布条在额头前交叉打结并固定。黑色包头巾由自织白色土布染色而成，长度上比白色包头巾长约 40cm，宽度是白色包头巾的 2 倍。黑色（双层）包头方法：将黑色包头巾沿中线对叠成双层结构，再沿折叠好的双层布块中线再次折叠，呈现四层造型；将折叠完成的黑色包头巾中间部分对准前额白色包头巾螺旋布块部位，双向朝后在额头（后）交叉层叠盘绕；最后将多余布条在额头左侧交叉藏于黑色包头巾内并固定好。

表 3-1　白裤瑶男子包头

续表

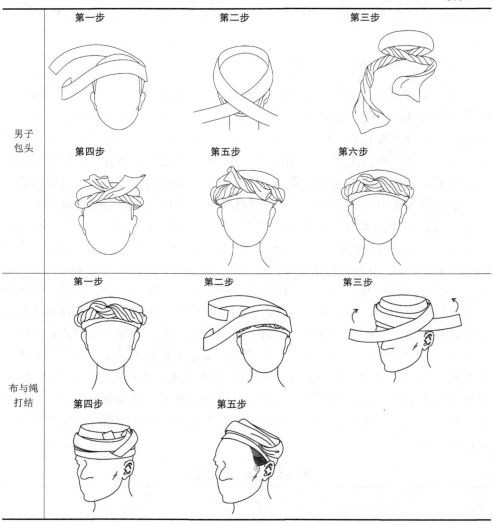

（二）女子包头

　　白裤瑶女子对包头的重视并不亚于其他瑶族支系，但白裤瑶女子包头相对其他支系简单，头饰的装扮自古承袭"儿童至少女时期可剪发、不盘头不包头，但婚后包头禁发"。女子包头是由黑色布巾（包头巾）、两根白色绳子、自织白色土布制作而成。女子包头布制作工艺与男子包头相似，首先选择自制黑色棉布，随布纹经纱方向取长为3拃（约48cm）、宽2拃+0.5指长（约36cm）（保留布幅光边）裁剪包头巾。其次随布纹经纱方向取白色棉布长为 8 拃 +1.5 指长（约 140cm）、宽 2 指宽（约 3cm）裁剪捆绳布。取料完成后，取包头巾留出布边，将剩下两边的（毛边）缝份折叠再折叠，以每 3cm 9 针的针密度手针包边锁边完成包头巾，同样的方法取包头绳布沿四周折叠缝份，再沿包头绳布中线对叠，使之形成双层长方形布条，以 3cm 9 针的针密度手针包边锁边完成捆绳。将松紧绳穿针分别从缝制好的包头巾四角单股穿出，留出适当的穿绳量打结固定，让包头巾与绳结合。女子用包头巾包头的方法如表 3-2 所示：将系好绳的黑色头巾中间部位对准前额，从前面往后包裹头发（从前额左右两侧往后包住头部），白色带子从后往前自左向右环绕至布巾下端额头处，两条白色包头绳尾部扎在左前额平行缠绕的绳子内起到固定包头巾的作用，调整绳子松紧度，让脑后的发髻在绑带的缠绕下自然地隆起，直至包头完成。

表 3-2　白裤瑶女子包头

包头巾 制作	第一步　第二步　第三步
制作包 头绳	第一步　第二步
布与绳 打结	第一步　第二步

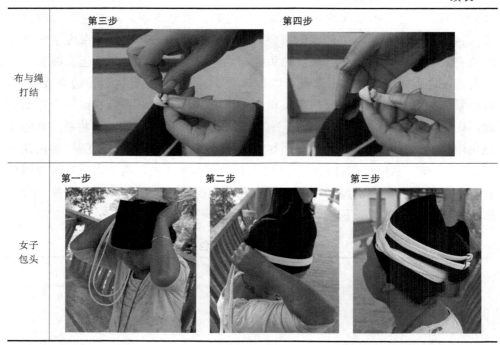

二、腰饰

腰饰是服饰整体中的局部（细节）造型，是服饰文化的重要组成部分之一。各民族服饰形象中的腰饰展现出不同的民族文化魅力，以自身特有的造型特点与色彩呈现出特有的族群魅力和民族风情。

腰饰是白裤瑶社会在长期的生产与生活实践中形成的，蕴含着丰富的民俗文化内涵，是传承民族文化的重要载体，其高超的手工技艺、精美的装饰纹样实现了审美与实用的双重属性。白裤瑶腰饰是束腰用的服饰品，在满足生活需要的同时还成为人生礼仪、节日中传递情感的媒介。腰饰伴随着男、女盛装成为白裤瑶服饰文化民俗惯制的一部分。

白裤瑶男子腰饰物包括男子花腰带、男子黑腰带、吊花三种。男子盛装腰带又称花腰带，是盛大节日时白裤瑶男子搭配盛装的饰物，也是白裤瑶青年男女的定情信物之一。女方在恋爱期间会精心绣制"米""鸡"等纹样的花腰带，表达"男人时刻在太阳的照射下飞翔"的美好祝愿。小伙子收到花腰带将其穿在身上，仿佛心爱之人的化身日日贴身不离，同时也成为向别人炫耀自己有心仪之人的标识。白裤瑶男子花腰带是采用传统的手工刺绣完成，刺绣讲究做工精细，纹样丰富、色彩艳丽。女孩把自己的美好祈愿一针一线地缝进了花腰带上，一件淳朴的手工花腰带就变成了一件饱含情感的工艺品，承载着男女之间的真情实感，饱含寓意的纹样无不折射出他们对幸福的向往。

白裤瑶男子花腰带的制作过程见表 3-3。首先由自织棉布经纱三层折叠，以绣花装饰区为面，通过折叠形成腰带造型。裁剪时，尽可能利用布料的幅宽、布边，使布料利用率最大化并节省缝制工艺时间。裁剪花腰带布，随经纱布幅光边取自织棉布长度 10 拃（约 160cm）（保留布幅光边），纬向取 1 拃（约 16cm）宽度的自织白棉布。裁布完成后，取腰带裁片，将其两端宽度设点 a、点 b、点 c、点 d，点 a′、点 b′、点 c′、点 d′，以三等分划分面布、里布；在线段 bb′ 中点设点 f，由点 f 分别向左设点 e，向右点 g，量出 2 拃 +1 指长（约 40cm）定出绣花位置。如表 3-3 所示，取绣好的腰带裁片，折叠 ad 线、a′d′ 线缝份，设 bb′ 为折线，将 aa′ 线向下折且与 cc′ 线重合；设 cc′ 为折线，将 dd′ 线向上折且与 bb′ 线重合。腰带绣花部位包边绣。其他部位以每 3cm 9 针手工锁边方法完成。

表 3-3 花腰带制作过程

续表

| 缝合 | 第三步　设cc′为折线，将dd′线向上折且与bb′线重合。腰带绣花部位包边绣 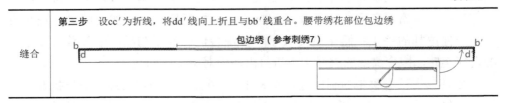 |

白裤瑶男子腰饰除盛装花腰带外，还有另一种搭配花衣、黑衣造型的日常用黑腰带（女子腰带、男童腰带、女童腰带与男子黑腰带除尺寸区别外，基本为黑色长方形形制，其制作方法与男子白色包头巾制作基本相同）。男子黑腰带长 10 拃（约 160cm）、宽 1 拃 +1 指长（约 24cm）（男子黑腰带与男子黑色包头巾大小、形制、制作方法完全一致）。黑腰带在搭配花衣造型时，腰带中部位置对准后中开衩，由后向前平行绕过两侧缝开衩上端，在前门襟交汇处打结系紧，将左右衣片固定于前身造型。在搭配黑衣造型时，腰带中间部位对准后中腰部以下靠近臀部的位置平行绕向前门襟交汇处打结，将前身左右衣片固定。

吊花是装饰在男、女盛装和女童装上衣上的腰饰物。男子盛装是将吊花绳子的一头固定在盛装上衣领子后中部位（长度以上衣下摆为准对齐），在穿着盛装上衣时，男子花腰带系在最外层，将吊花绳子夹在腰带与盛装上衣之间；花腰带系紧后，后中垂吊的两串吊花分别放置在后中开衩的左右两侧即吊花被固定在身后装饰上衣后片。女子盛装是将两根吊花绳子的头分别固定在女子盛装上衣后片（反面）两侧包边止点位置，当人穿衣走动时，吊花随人的动态摆动出现在人的前后。女童吊花是装饰女童贯头衣的腰部装饰物，儿童吊花连接绳较短，吊花形制及佩戴方式与成年女子吊花一样。吊花是由丝线、银片、天然树果（薏苡）、玻璃球（随喜好可以添加其他装饰物）等材料，由吊绳、花秆、串花绳、花心四个部分组成的装饰物，其制作过程如表 3-4 所示。

表 3-4　吊花的制作

| 效果图 |  |

续表

形制类别与用途	 男子盛装的吊花   女子盛装的吊花　　　童装的吊花
材料与制作	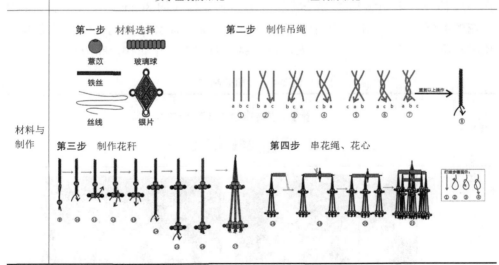

白裤瑶女子腰饰物配件包括女子黑腰带、针筒、吊花三种。白裤瑶女子黑腰带（形制与男子基本相同）用来搭配女子贯头衣、盛装、黑衣三种服饰造型。女子黑腰带长 10 拃（约 160cm）、宽 1 拃（约 16cm），比男子黑腰带窄 1 指长（约 8cm）。黑腰带在搭配女子贯头衣及女子盛装时，腰带从连衣袖及后幅衣片内穿过，平行绕至前幅衣片腰下部位打结，结头自然下垂。黑腰带搭配女子黑衣造型时，腰带系在腰部以下靠近臀部的位置，平行绕向前门襟交汇处打结，以固定前身左右衣片。女子黑腰带的另一个作用，就是将针筒系在腰带之上，便于随身携带使用。针筒是白裤瑶女子用来装绣花针的"盒子"，也是装饰在腰间的饰物，是白裤瑶女子不可缺少的手工劳作工具。针筒是由粗或细竹竿雕刻制成的器皿，包括筒套、筒芯、套头、筒座四个部分，在绳子的作用下套成型。在制作筒套、筒芯、套头、筒座时，筒套、筒芯必须能滑动抽拉自如，套头、筒座必须与筒套、筒芯的一端吻合。如表 3-5 所示，制作针筒的第一步是材料选择，选择粗或细竹竿、套绳（随喜好可以添加装饰物）；第二步是制作筒套，将粗竹竿头雕刻成帽状（套头），穿 3 个孔（穿绳孔直径约 0.3cm×1，穿绳边孔直径约 0.2cm×2），竿身外雕刻图案（筒身），内掏空为容纳筒芯空间的筒套；第三步是制作筒芯，将细竹竿头雕刻成筒芯底座，筒芯底座穿 3 个孔（穿绳孔直径约 0.3cm×1，穿绳边孔直径约 0.2cm×2），外直径控制在小于筒套内直径的范围，修理光滑，内掏空形成收纳针的空间；第四步是编绳，选择多股棉线，采用编结的方法将套绳编结为 5 拃（约 80cm）长（见表 3-4 中吊花的编绳方法）；第五步将编好的绳子双头穿进筒套穿绳孔，分别从穿绳边孔出，再从筒芯底座穿绳边孔入，双头穿进筒芯底座穿绳孔，完成打结。

表 3-5　针筒的制作

效果图	
针筒实物	

续表

材料与制作	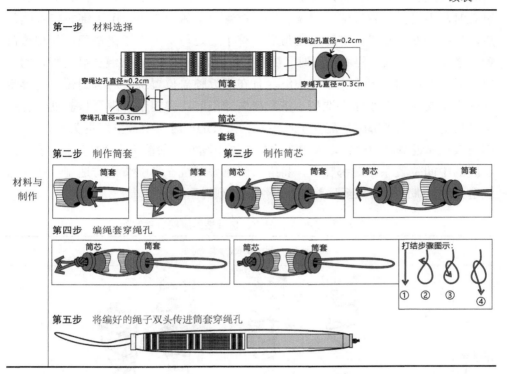

三、绑腿

绑腿即"行缠"，古时男女都用的裹足布、绑腿布，后唯兵士或远行者用。绑腿的出现是因为早期交通出行方式落后，人们出门在外，山路崎岖，长时间行走难免血液积压到腿部造成酸疼，古人发现把布条绑在腿上可减轻长期行走的痛苦。南方少数民族普遍世居于灌木杂草丛生、坚硬山石密布、蛇虫横行的山区，下地干活的农民和山民，打起绑腿除了缓解酸痛以外，还能防止生活劳作过程中腿部受林间杂草、蚊虫侵害。

绑腿同样是白裤瑶服饰的重要装饰之一，绑腿穿戴层次丰富，习俗与制作技艺世代相传，保留至今。

白裤瑶男、女、童绑腿形制相同，尺寸依照年龄、腿型各异。其中男子大绑布有黑色与白色两种，女子大绑布则只有黑色，孩童打绑腿时没有大绑布，只打小绑布。男子穿着盛装时，依据个人的腿长，通常打 5～6 双绑腿带；在穿着黑衣、花衣搭配白裤装饰造型时，只打一双绑腿带（表 3-6）。女子穿着盛

装时，一般打 4 双绑腿带，绑腿带依据大小依次从上往下排列；穿着贯头衣与
黑衣时，则只打一双绑腿带（表 3-7）。孩童由于体型较小，用小绑布包裹腿部
后，只打一双绑腿带。绑腿无论与男子裤子还是与女子百褶裙搭配，都相得益
彰。搭配男子花衣、黑衣造型时（男童搭配花衣），将小绑布缠在靠近脚踝的位
置，大绑布均匀包裹小腿平行缠绕，且在靠近膝盖位置绑一对绑腿带，将绑带
绳向下交叉缠绕在小腿上造型；搭配盛装造型时，绑腿带脚踝至膝盖处平行缠
绕排列造型。女子绑腿搭配女子贯头衣、黑衣造型时（女童搭配贯头衣），将小
绑布缠在靠近脚踝的位置，大绑布均匀包裹小腿并于膝盖后成"V"字造型，在
小腿的中间位置系一对绑腿带，将绑带绳重叠缠绕在绑腿带上方造型；搭配盛
装造型时，绑腿带脚踝至膝盖处平行缠绕排列造型。

表 3-6　男子花衣、黑衣、盛装造型绑腿过程解析

项目	男子花衣、黑衣绑腿
效果图	正　　　　　　　　　反
形制方法	第一步　小绑布　　　　第二步　大绑布　　　　第三步　完成

项目	男子盛装绑腿
效果图	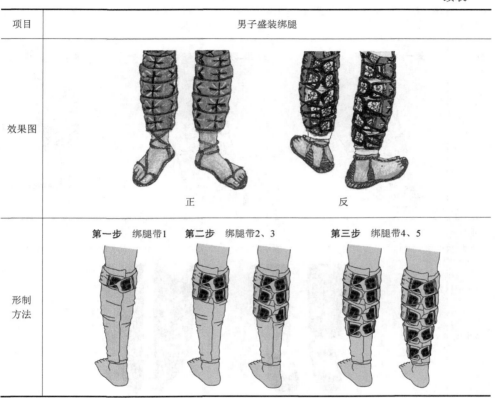

| 形制方法 | |

表 3-7　女子贯头衣、黑衣、盛装造型绑腿过程解析

项目	女子贯头衣、黑衣绑腿
效果图	

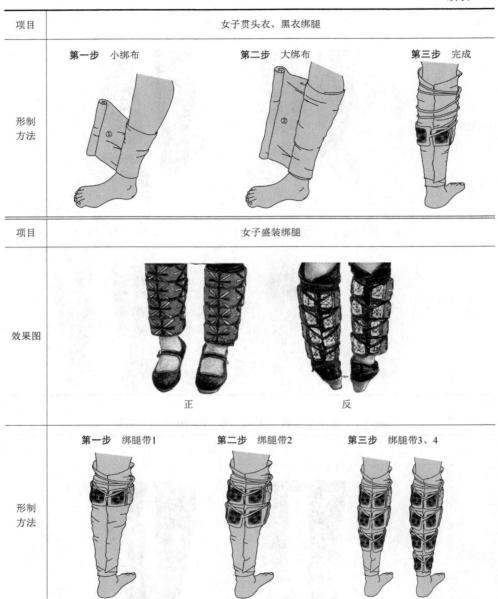

项目	女子贯头衣、黑衣绑腿		
形制方法	第一步　小绑布	第二步　大绑布	第三步　完成

项目	女子盛装绑腿	
效果图	正	反
形制方法	第一步　绑腿带1　　第二步　绑腿带2　　第三步　绑腿带3、4	

四、儿童配饰

白裤瑶儿童配饰有头饰、背带、腰饰、腿饰，如童帽、黑腰带、吊花和

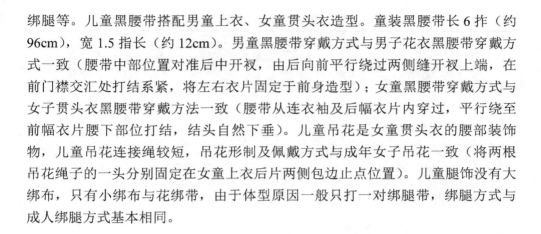

绑腿等。儿童黑腰带搭配男童上衣、女童贯头衣造型。童装黑腰带长 6 拃（约
96cm），宽 1.5 指长（约 12cm）。男童黑腰带穿戴方式与男子花衣黑腰带穿戴方
式一致（腰带中部位置对准后中开衩，由后向前平行绕过两侧缝开衩上端，在
前门襟交汇处打结系紧，将左右衣片固定于前身造型）；女童黑腰带穿戴方式与
女子贯头衣黑腰带穿戴方法一致（腰带从连衣袖及后幅衣片内穿过，平行绕至
前幅衣片腰下部位打结，结头自然下垂）。儿童吊花是女童贯头衣的腰部装饰
物，儿童吊花连接绳较短，吊花形制及佩戴方式与成年女子吊花一致（将两根
吊花绳子的一头分别固定在女童上衣后片两侧包边止点位置）。儿童腿饰没有大
绑布，只有小绑布与花绑带，由于体型原因一般只打一对绑腿带，绑腿方式与
成人绑腿方式基本相同。

（一）童帽

白裤瑶童帽有银帽、花帽、黑帽三种形制，童帽结构形制与纹饰装饰沿袭
了白裤瑶地方礼仪习俗，帽顶及帽身装饰（纹样）反映了白裤瑶人对繁衍后代
美好愿望。白裤瑶童帽制作同样出自母亲对于儿童的重视与关爱，每逢节日、
婚丧嫁娶、赶圩或参加族内活动时，每个母亲在孩子的装束上都格外用心，除
穿新衣外，一定要戴着帽子出门。白裤瑶童帽是由白裤瑶妇女自织土布，经过
染色、刺绣、缝制等多种工艺制作而成，分花帽、银帽、黑帽三种类型，男童
可戴花帽与银帽两种，女童则可戴花帽、银帽、黑帽三种。黑帽与花帽较为轻
便，适合满月的婴儿戴；银帽有银饰品，比较重，适合 5 个月以上的孩子戴。
戴银帽的时候，男孩的帽顶要放一条橘红色、黑色丝线绣制而成的绣条装饰物，
女孩的则没有。白裤瑶儿童花帽是由帽顶和帽檐两部分组成，帽顶为黑色，帽
檐为浅蓝色，帽檐前额处用橙红色、黑色丝线绣制"米"字纹与"鸡"纹样图
案装饰。银帽是在花帽的基础上演变而来的，装饰自制银牌、银片、吊坠和绣
花。银帽前额有九个人像的银饰，对准后脑勺挂的是五个铃铛、四只鸡，它们
交替排列在对应位置，最临近人像两侧的则是呈对称状态的"月亮"。

白裤瑶童帽为一块布面通过折叠形成帽顶、帽檐（部分），帽檐（帽身）为
一块布折叠而成，上有绣花。裁剪童帽时尽可能用布料的幅宽、布边制作包头
布，使布料利用率最大化并节省缝制时间。童帽制作是以黑帽为花帽的基础、
花帽是银帽的基础完成。制作流程如表 3-8 所示。

表 3-8 童帽的制作

效果图	 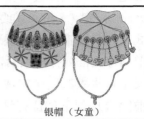 花帽　　　　银帽（男童）　　　　银帽（女童）
童帽取布	**第一步** 裁剪帽顶布。随经向布幅光边取长2拃＋1指长（约40cm）（帽围）、宽为1拃＋0.5指长（约20cm）的黑色棉布，将帽顶布分为帽顶衬布、帽顶面、帽檐（上）三个部分　　　**第二步** 裁剪帽檐。随经纱方向（布幅光边）取自织浅蓝色棉布，长2拃＋1指长（约40cm），宽1.5指长（约12cm） 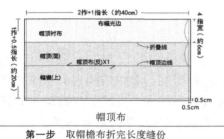 
制作帽檐	**第一步** 取帽檐布折完长度缝份　　　　**第二步** 随中线再次对叠 
帽檐与帽顶缝合	**第一步** 将叠好的帽檐夹于缝帽顶布边线，以每3cm 9针的密度回针缝制0.1cm明线　　　**第二步** 取做好的帽片对叠。由点a分别向左、向右量出1指长（约8cm）。bc线长度为绣花位置绣花 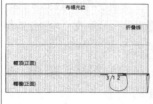 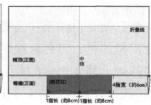 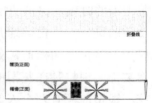 **第三步** 沿AB折叠线折叠帽顶衬布，AC线与BD线缝份对齐，并以3cm 9针的针密度拱针缝制和锁边 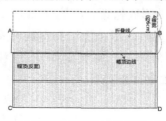 

续表

帽顶制作	**第一步**  **第二步**　将合完的帽筒（帽子顶端）设缝制对位点a、点b、点c、点d、点e、点f、点g、点h、点i、点j、点k、点l、点m、点n、点o、点p、点q、点r、点s、点t；从点a开始，以cb为折线，折叠点a、点b、点d，使点ab线与db线重合；以fe为折线，折叠点d、点e、点g，使点de线与ge线重合；以ih为折线，折叠点g、点h、点j，使gh线与jh线重合；以ik为折线，折叠点j、点k、点m，使点jk线与mk线重合；以on为折线，折叠点m、点n、点p，使mn线与pn线重合；下一步为帽顶缝合，取叠好的帽顶1为起针点，按照1起针、2入针、3起针的方法如此类推，缝制帽顶5个角位置并打结完成 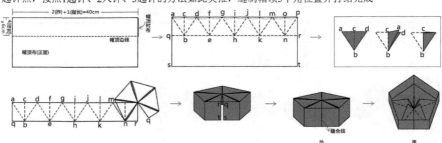
银帽装饰银片	取装饰银片人像（9个）、吊坠（9个）、银牌（2个），前帽檐花位中心点上方装饰人像；人像后面接银牌；帽檐花位中心点对应后中点挂吊坠，吊坠有两种图案，采用AB、AB形式排列。人像、吊坠、银牌有穿线孔，手针通过穿线孔固定。以银牌为中心点对称折叠帽子，设穿帽绳点，两根绳子分别从帽檐两侧穿孔拧绳、下端打结完成。银帽制作完成后，将绣制好的绣条套在帽顶上为男童所用 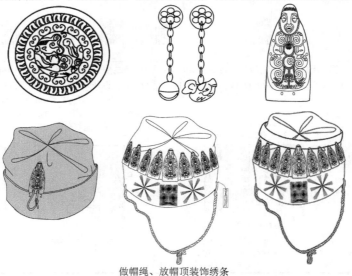 做帽绳、放帽顶装饰绣条

（二）娃崽背带

娃崽背带是少数民族一种常见的背负婴幼儿的辅助工具，是背负婴儿所用的布兜，亦称襁褓、襁抱，古时有"辈辈传代"之意。白裤瑶人长期生活在崇山峻岭之中，生存环境恶劣、资源稀缺，加之妇女是家庭的主要劳动力，为了解放她们的双手，娃崽背带伴随着她们抚养孩子、生产劳作，是白裤瑶妇女不可缺少的生活辅助品。娃崽背带的构成是由背布A、带布D、带布装饰B、带布装饰C、背带挡片等要素构成。背布是由大小相同的面、里两片布缝制而成，面布为蓝色粘膏画、绣花组合纹样布片，里布为黑色光面布。具体制作工艺流程如表3-9所示。

表 3-9　娃崽背带的制作

效果图	（正）　　　　　　　（反）
制作背布	第一步　裁剪背布。随经纱布幅光边取长3拃（约48cm）、宽2拃＋1指长（约40cm）的自织棉布两片 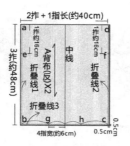　　第二步　取背布两片裁片，将面布装饰完成后整理面、里并分别在面、里布上设点a、点b、点c、点d、点e、点f、点g、点h、点a′、点b′、点c′、点d′、点e′、点f′、点g′、点h′等部位缝制对位点。折光面、里缝份 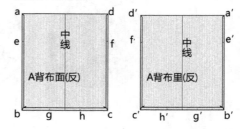

续表

做带布装饰B	**第一步** 裁剪做带布装饰B。随经纱布幅光边取自织棉布长10拃（约160cm）、宽1.5指长（约12cm） **第二步** 取带布装饰B裁片设缝制对位点i、点j、点k、点l、点m、点n、点o、点p、点q、点r，并四周折光缝份、中心折叠线对叠
做带布装饰C	**第一步** 裁剪带布装饰C。随经纱布幅光边取自织棉布长5拃（约80cm）、宽4指宽（约6cm） **第二步** 取带布装饰C裁片设缝制对位点s、点t、点u、点v、点w、点x，将带布装饰C四周折光缝份、中心线对叠。将处理好的带布装饰C按照对位区与带布装饰D缝合
制作带布D	**第一步** 裁剪制作带布D。随经纱布幅光边取长度为11拃＋0.5指长（约180cm）、宽1拃（约16cm）的自制黑棉布 **第二步** 取自制黑棉布带布D裁片，分别设点i′、点j′、点k′、点l′、点m′、点n′、点o′、点p′、点q′为缝制对位点

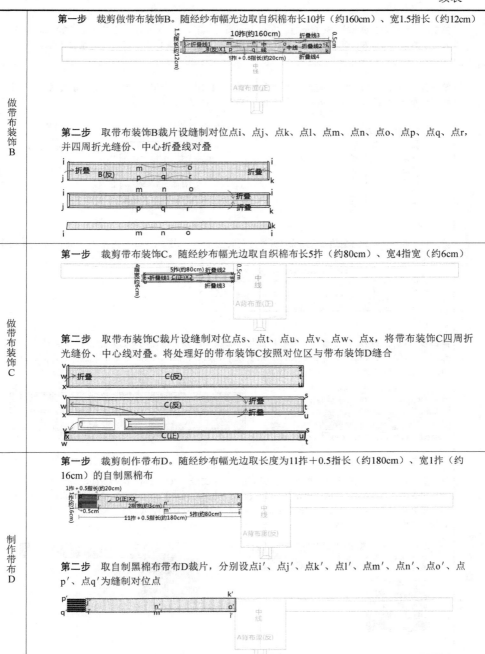

制作带布D	第三步 做带布头装饰穗、带布锁边。将点p′、点q′、点j′、点i′平分为32个单位条（约0.5cm每条）并剪成穗状，两条为一组编成一个个小辫打结；带布j′k′线i′l′线毛边以每3cm 9针锁边针包光

制作背带挡片

第一步 裁剪背带遮片布。随经纱布幅光边取自织黑棉布长1.5指长（约12cm）、宽1.5指长（约12cm）

第二步 取背带挡片裁片，将宽度分成3个部分，设包边对位点r′、点s′、点t′、点u′、点v′、点w′、点x′、点y′

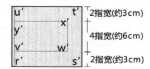

第三步 裁剪背带遮片包边布。随布纹经纱方向取包边布，长度2拃+0.5指长（约36cm），宽4指宽（约6cm）

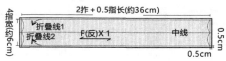

第四步 做背带挡片包边布，取背带挡片包边布裁片。设包边缝制对位参照点z′、点a″、点b″、点c″、点d″、点e″、点f″、点g″、点h″、点i″、点j″、点k″、点l″、点m″、点n″、点o″、点p″、点q″、点r″、点s″，折光缝份

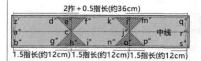

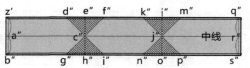

做带布装饰

第一步 挡片包边制作，将包边布点a″、点c″分别与挡片布点u′、点t′对应，以包边布a″c″为折线，将包边布折叠，并且包住挡片布，使包边布点z′、点d″分别与挡片布点y′、点x′对应

第二步 以包边布e″c″为折线，折叠点d″、点c″、点f″，使点d″c″线与f″c″线重合，点f″、点k″与前挡片点x′、点w′重合

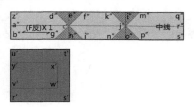

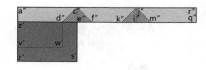

续表

做带布装饰	**第三步**　以1″j″为折线，折叠点k″、点j″、点m″，使k″j″线与m″j″线重合，点m″、q″与前挡片点w″、点v′重合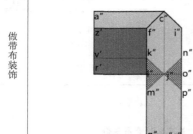	**第四步**　同样的方法，完成包边（里）部分。包边布包住前挡片四周距布边0.1cm 从z′开始起针，以每3cm 9针回针缝制一圈至q″结束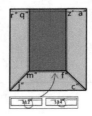

　　缝合背布、带布、挡片。如表 3-10 所示，取做好的背布、带布、挡片，将三个部分设点，背布夹住带布、遮片对位，以每 3cm 9 针的针密度回针缝合。

表 3-10　缝合背布、带布、挡片

缝合准备	**第一步**　在背布设对应缝合点d′、点f′、点c′、点h′、点g′、点b′、点e′、点a′
缝合背布、带布、挡片	**第二步**　在带布上设对应缝合点k′、点t。在挡片上设对应缝合点r″、点a″。带布点k′、点t与背布的点d′、点f′对应缝合。挡片点r″、点a″与背布点h′、点g′对应缝合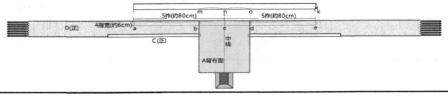
背带缝合1	**第三步**　缝合带布装饰B，取缝合后的背布、带布、挡片，设缝制对位点a、点b、点c、点d、点e，取做好的带布装饰B，将其点i、点m、点n、点o、点i与点a、点b、点c、点d、点e重合，距边0.1cm 以每3cm 9针的针密度回针缝制明线完成

续表

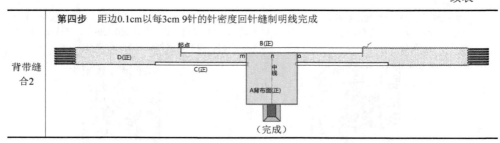

背带缝合2	第四步 距边0.1cm以每3cm 9针的针密度回针缝制明线完成

（完成）

第二节　服饰装饰与民族精神

　　白裤瑶服饰文化的民族性是通过该族群在长期的社会实践活动中孕育出来的价值观念、思维方式、道德情操、审美趣味、宗教信仰、民族性格及其他意识形态表现出来的，是白裤瑶社会物质生活和文化生活综合作用于民族精神面貌的表现与结果。其较为原始的服饰形象特征和造型方式可概括为"观物取象"，深刻地反映了白裤瑶人天性质朴、单纯乐观的精神世界。白裤瑶服饰在记录该族群生存繁衍、抗争迁徙等漫长历史演变经历时，采用画绣合一的方法，将"五根花柱"图案装饰在男子裤腿，将"瑶王印"图案装饰在女子上衣后背上等，以此来缅怀瑶族祖先与土司奋战时牺牲的英雄。可以说，白裤瑶人的服饰纹样及色彩表现不仅来源于与生活紧密相连的自然环境，也与他们自身的历史变迁、发展都有着密切的联系。不同的纹样、色彩表现了白裤瑶人对族群境遇的精神寄托，对宗教信仰、天道观念和美的追求（表3-11）。

表 3-11　白裤瑶服饰基础纹样对照表

纹样名称	纹样	装饰部位和使用场合	民族性
剪刀		女子（童）上衣、背带、天堂被……	象征勤劳

纹样名称	纹样	装饰部位和使用场合	民族性
小人		女子（童）上衣、男子花腰带、天堂被……	生殖崇拜，表达希望子孙绵延
嘎拉伯		女子（童）上衣、女子葬礼、背带、天堂被、男子裤子、男童帽……	象征太阳和光明
老鼠脚		女子上衣、男子花腰带……	老鼠的脚印
嘎冬		女子上衣、男女葬礼、天堂被……	
嘎嘎		女子（童）上衣、女子葬礼……	
蝴蝶		男女葬礼……	展开翅膀的蝴蝶，象征万物有灵
母		女子上衣、天堂被、男女葬礼……	代表权势、威望与能力

纹样名称	纹样	装饰部位和使用场合	民族性
公		女子（童）上衣、女子葬礼……	象征权力
小路		女子上衣、女子葬礼……	生存繁衍、抗争迁徙
小人仔		女子（童）上衣、背带、天堂被、百褶裙……	人丁繁衍寄托，象征生殖崇拜
鸡		女子（童）上衣、男子（童）上衣、背带、男子花腰带、天堂被、男女葬礼、男子（童）裤子、绑腿、童帽……	公鸡的形象，象征公鸡带来的光明
尼		女子（童）上衣和百褶裙、男女葬礼……	"钱""钱袋"的之意，象征财富
巴嘎		童上衣后片下摆、童帽、童绑腿、男子花腰带、男女葬礼、男子裤子……	水车物件形状，对水源的渴望
嘎咚努		女子上衣、女子葬礼……	展开翅膀的小鸟

续表

纹样名称	纹样	装饰部位和使用场合	民族性
花枝		男子（童）裤子……	植物茂盛
猪脚花		女子百褶裙……	猪的脚印、人畜兴旺
朵丫		女子（童）上衣、背带、天堂被……	人丁兴旺

一、男子服饰纹样

（一）上衣纹样

男子花衣、盛装上衣纹样集中表现在上衣后背下摆边饰，黑衣上衣纹样集中表现在前胸部位；花裤纹样集中表现在裤腿、裤口边饰部位，白裤纹样集中表现在裤口边饰部位。男童服饰纹样装饰与成年男装基本相同。

如表 3-12 所示，男子花衣、盛装上衣（男童上衣）纹样集中表现在上衣后背下摆边饰部位，由"巴嘎""鸡"等基础纹样要素组成单位纹重复（二方连续）排列，采用手工绣花的工艺方法完成装饰效果；黑衣上衣纹样集中表现在前胸部位，由"鸡"纹样要素为单位纹手工刺绣完成装饰效果。"巴嘎"纹样形状近似汉字中的"米"字，很多学者称其为"米"字纹；"鸡"纹样则是由多个"米"字纹组成的纹样。

"鸡"的图案在白裤瑶服饰中是运用最为广泛的纹样之一。白裤瑶民族信奉"鸡"。传说古时天上有十个太阳，后来被人们射下了九个，这时候，最后一个太阳也怕被人们射下来，于是就躲起来了。没有了太阳，人们在黑暗中度过了十二天十二夜，后来人们就把公鸡请出来"打鸣"呼唤太阳。公鸡叫了整整七七四十九天，太阳终于出来了，人们又见到了光明。从此白裤瑶民族开始崇拜雄鸡。日常生活中，白裤瑶人时时把雄鸡崇拜运用到生活的每一个细节中，如：以煮熟的鸡眼论凶吉；农耕时间上有对应"鸡日""鸡时"的说法；男子服饰中花衣、盛装上衣形制像雄鸡一样的造型，认为鸡最漂亮的地方就是背上的羽毛和脚，因此在制作花衣及男子盛装上衣的时候将上衣后背中间的衣角翘起来，象征着鸡的尾巴，两边开衩是鸡的翅膀。总之，"鸡"所衍生的图案在服饰制作中随处可见，他们认为雄鸡是具有神性和灵性的生物，能驱赶邪恶保平安，给人们带来光明。

　　白裤瑶服饰中，除"鸡"要素运用广泛外，"米"字纹同样出现很多。采访中我们得知，"米"字纹图案在瑶语中称之为"巴嘎"，可以意为"水车物件的形状"。传说白裤瑶曾经生活在拥有丰富水源的地方，曾经拥有过田地耕种、水车灌溉的经历。但由于战乱不断，这个多灾多难的族群频繁迁徙，最终定居于大山之中，缺水问题一直困扰着白裤瑶人。因此，"米"字形图案或许是白裤瑶人对水源思念的外在表象[①]。

表 3-12　男子盛装、花衣、黑衣装饰细节及纹样

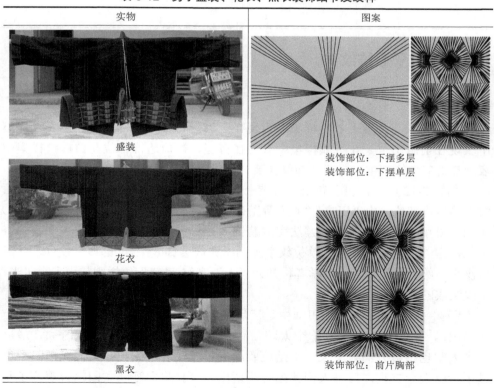

实物	图案
盛装	装饰部位：下摆多层　　装饰部位：下摆单层
花衣	
黑衣	装饰部位：前片胸部

①　陆朝金，白裤瑶服饰文化的解读，柳州师专学报，2012 年 8 月，第 27 卷第 4 期。

（二）裤子纹样

白裤瑶男子穿白裤有着悠久的历史。据当地人介绍，早期白裤瑶男裤有三种类型：第一种裤子称"牛头裤"，用来在田间干活或打猎时穿着。因为此裤无装饰修饰（没有美感），人们不会在公众集会上穿这种裤子，以致后来消失。第二种裤子称"便装裤"，白裤瑶男子平时劳作及集会上穿着，裤子局部有装饰修饰。第三种裤子称"盛装裤"（即花裤）。花裤绣工精致、华丽，是财富的象征。据当地人介绍，早期人们把花裤当作随葬品；但随着社会生产力的发展和生活水平的提高，人们也会穿着花裤参与一些重大集会。近十几年来，这种裤子开始在白裤瑶人的日常生活中流行起来，主要在婚宴、葬礼或者一些重大节庆时穿着。白裤瑶男子（童）花裤裤腿纹样主要装饰在裤腿（侧）和裤口部位，裤腿（侧）纹样为"五根花柱"组合而成，如表3-13所示。传说瑶族祖先与土司奋战时受了重伤，用两只沾满鲜血的手支撑在膝盖上，印下了十条红色的血印。为了纪念瑶族祖先与土司奋战的英勇事迹，白裤瑶人在男子裤膝两边绣上了与手指血印相似的五根花柱图案，以纪念瑶族祖先勇敢抗敌的精神。白裤瑶男子（童）花裤裤口纹与上衣后下摆装饰基本相同，以"米"字纹样为中心装饰裤口，期盼来年风调雨顺，拥有滔滔不绝的水源，遇上平安丰收年。

表 3-13 白裤瑶男子花裤纹样

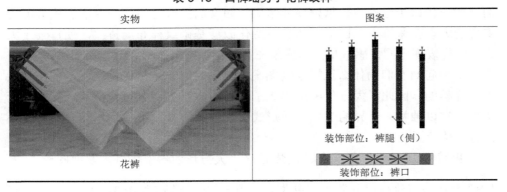

实物	图案
花裤	装饰部位：裤腿（侧） 装饰部位：裤口

二、女子服饰纹样

白裤瑶女子贯头衣、盛装上衣纹样集中表现在女子上衣后背，黑衣上衣纹样集中表现在前胸部位；百褶裙纹样集中表现在裙身、裙边饰部位。女童服饰纹样装饰与成年女子贯头衣服饰形象基本相同。

女子贯头衣、盛装上衣背部图形俗称"大方形图形"。图形主旨是以讲述瑶族祖先与土司之间发生战争，瑶王印章被土司夺走，为悼念在战争中牺牲的英雄，人们把印章绣在女子衣背上以示永远铭记的故事展开整体布局。有的图形还基于"井""田"（井田制瓦解后，瑶民为了记录这一重大的历史变革，人们把"井"纹和"田"纹借助粘膏染、绣制在贯头衣上，作为对井田制的历史印证）组成"大方形图形"骨骼框架。总的来说，图形以反映该族群生存繁衍、抗争迁徙、民族崇拜、宗教信仰等要素的纹样构成中心纹样、边框纹样、周边纹样、边饰纹样，从而组成"大方形图形"的单位纹样整体。例如，"田"纹样基本是以四个"公"纹样分割成"田"形状，四块"田"里布满"嘎拉伯""田"里有时会出现"人仔"图案而形成"田"字中心纹；在中心纹四周装饰"人仔"图案或四个"鸡仔"图案（"人仔"和"鸡仔"位置是固定且以"田"为中心对称）；再向外"人仔""鸡仔"又被"嘎拉伯"包围着；最后，"嘎拉伯"的外围被方型黑框封闭起来。"井"纹也是如此，以"母"纹为中心向四周对称扩散形成"井"字，与"田"一样构图向四周井然有序地扩散。"井"纹构图中很少有"人仔"图案和"鸡仔"图案出现，多以象征着生产生活的衍生图案如"鸟"、"路"、"米"、草帽线、"嘎拉伯"装饰。有时候，白裤瑶人把"井"纹的中心纹设计为"母"纹，把"井"四周的图案设计为"公"纹（"母"代表掌管权势的人，"公"则是权利次之的一个表达），意思是说"井"纹的分配格局中间为大、八方为小[①]。

女子贯头衣、盛装上衣背部"大方形图形"无论是田纹构图还是井纹构图，其所反映出固定类别的纹样排列程式化的特点和呈现的技艺等，都是白裤瑶人们一代一代口传心授、传承延续的结果。妇女们把自己的生产生活和族群的历史变迁表现在服饰上，图形常随寓意变化改变基础纹样布局排序，使每一个大方形纹样表现不同情感故事，形成现在穿在身上的白裤瑶族群"历史"。采访中我们曾询问妇女们为什么这样绘制图案，她们的回答是祖先是这样画的，母亲是这样教的。因此，大方形图形集成了白裤瑶族群生存繁衍、抗争迁徙的演变历史，它以独特、奇异的文化表现形式随族群的生存发展而逐渐转存，并且不断延续传承。

我们以 25 件女子贯头衣、盛装后背"大方形图形"为例，发现图形"井""田"骨骼按变化规律分类为："井型 -1"组合纹样骨骼（如图 3-1 所示，"井型 -1"组合纹样，是由 中心纹样、 边框纹样、 周边纹样、 边饰纹样四个部分组合而成）；"井型 -2"组合纹样骨骼（如图 3-2 所示，"井型 -2"

---

① 陆朝金. 白裤瑶服饰文化的解读 [J]. 柳州师专学报，2012，27（04）：1-6.

组合纹样，是由 [图] 中心纹样、 [图] 边框纹样、 [图] 周边纹样、 [图] 边饰纹样四个部分组合而成）；"田型-1"组合纹样骨骼（如图3-3所示，"田型-1"是由 [图] 中心纹样、 [图] 中层纹样、 [图] 边框纹样、 [图] 边饰纹样四个部分组合而成）；"田型-2"组合纹样骨骼（如图3-4所示，"田型-2"是由 [图] 中心纹样、 [图] 中层纹样、 [图] 边框纹样、 [图] 边饰纹样四个部分组合而成）。

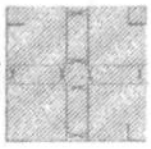

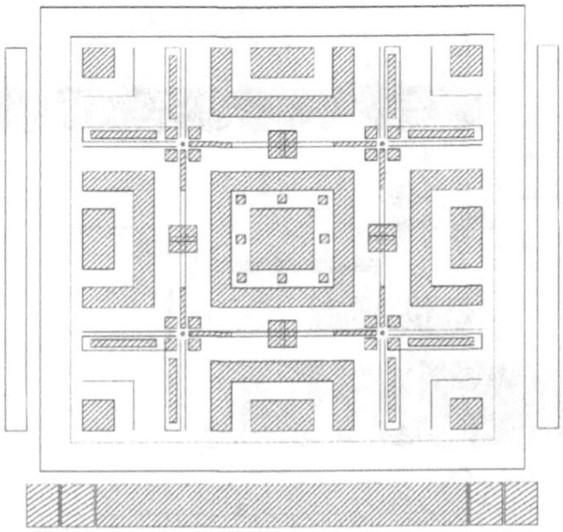

图3-1 "井型-1"组合纹样骨骼图

图3-2 "井型-2"组合纹样骨骼图

图3-3 "田型-1"组合纹样骨骼图

图3-4 "田型-2"组合纹样骨骼图

（一）"井型 -1"骨骼纹样实例解析（表 3-14）

表 3-14　"井型 -1"骨骼纹样实例解析

井型 -1-1

纹样特点	大方形组合纹样、下摆纹样、侧身边线辅助纹样三个部分内容，大方形组合纹样为该效果图中心部分，由18种基础纹样要素构成
中心纹样	③④⑩⑬纹样要素构成中心纹样
边框纹样	①②⑤⑦⑨⑫⑭⑮纹样要素构成边框纹样
周边纹样	④⑯⑱纹样要素构成周边纹样
边饰纹样	⑥⑧⑪⑰⑱纹样要素构成边饰纹样

续表

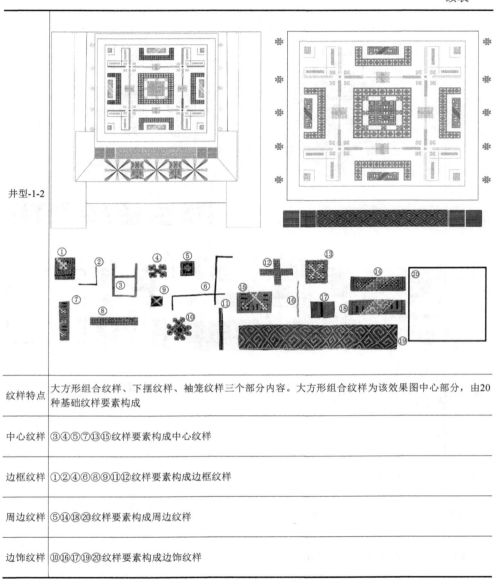

纹样特点	大方形组合纹样、下摆纹样、袖笼纹样三个部分内容。大方形组合纹样为该效果图中心部分,由20种基础纹样要素构成
中心纹样	③④⑤⑦⑬⑮纹样要素构成中心纹样
边框纹样	①②④⑥⑧⑨⑪⑫纹样要素构成边框纹样
周边纹样	⑤⑭⑱⑳纹样要素构成周边纹样
边饰纹样	⑩⑯⑰⑲⑳纹样要素构成边饰纹样

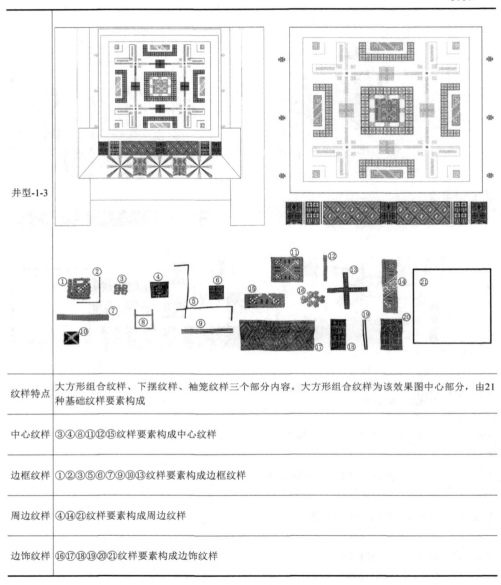

井型-1-3

纹样特点	大方形组合纹样、下摆纹样、袖笼纹样三个部分内容。大方形组合纹样为该效果图中心部分，由21种基础纹样要素构成
中心纹样	③④⑧⑪⑫⑮纹样要素构成中心纹样
边框纹样	①②③⑤⑥⑦⑨⑩⑬纹样要素构成边框纹样
周边纹样	④⑭㉑纹样要素构成周边纹样
边饰纹样	⑯⑰⑱⑲⑳㉑纹样要素构成边饰纹样

（二）"井型 -2"骨骼纹样实例解析（表 3-15）

表 3-15　"井型 -2"骨骼纹样实例解析

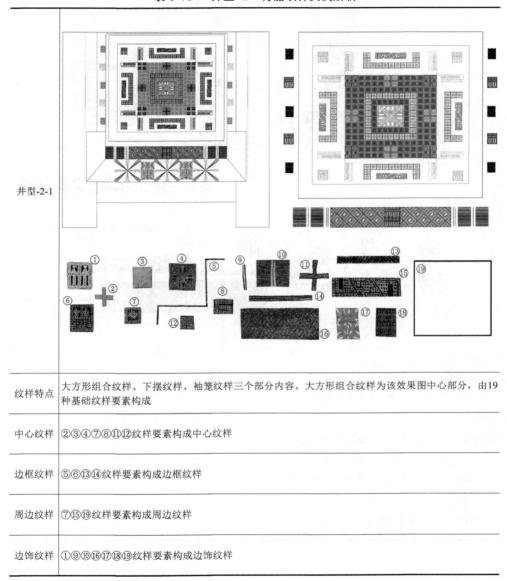

纹样特点	大方形组合纹样、下摆纹样、袖笼纹样三个部分内容。大方形组合纹样为该效果图中心部分，由19种基础纹样要素构成
中心纹样	②③④⑦⑧⑪⑫纹样要素构成中心纹样
边框纹样	⑤⑥⑬⑭纹样要素构成边框纹样
周边纹样	⑦⑮⑲纹样要素构成周边纹样
边饰纹样	①⑨⑩⑯⑰⑱⑲纹样要素构成边饰纹样

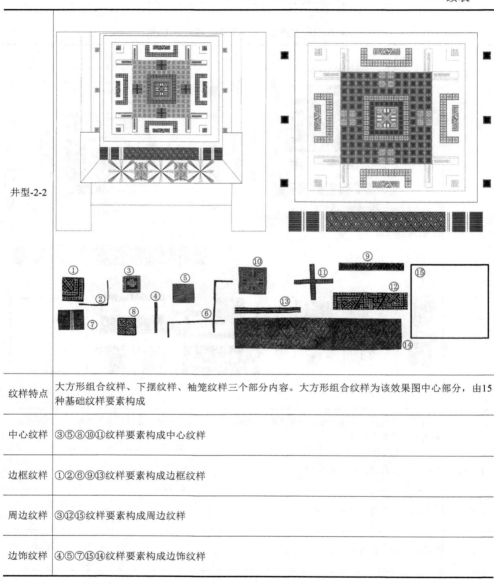

纹样特点	大方形组合纹样、下摆纹样、袖笼纹样三个部分内容。大方形组合纹样为该效果图中心部分，由15种基础纹样要素构成
中心纹样	③⑤⑧⑩⑪纹样要素构成中心纹样
边框纹样	①②⑥⑨⑬纹样要素构成边框纹样
周边纹样	③⑫⑮纹样要素构成周边纹样
边饰纹样	④⑤⑦⑮⑭纹样要素构成边饰纹样

续表

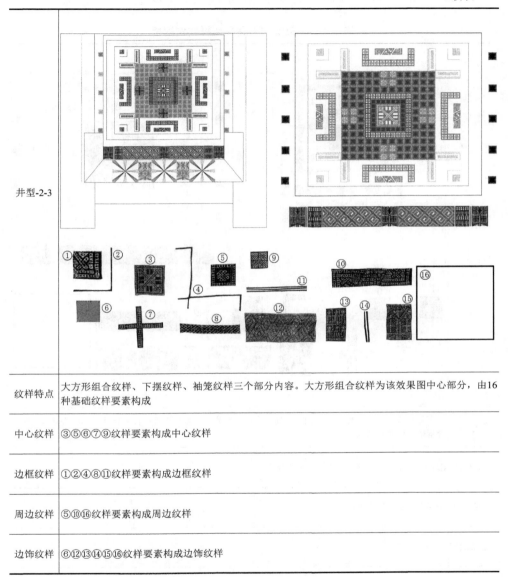

井型-2-3	
纹样特点	大方形组合纹样、下摆纹样、袖笼纹样三个部分内容。大方形组合纹样为该效果图中心部分，由16种基础纹样要素构成
中心纹样	③⑤⑥⑦⑨纹样要素构成中心纹样
边框纹样	①②④⑧⑪纹样要素构成边框纹样
周边纹样	⑤⑩⑯纹样要素构成周边纹样
边饰纹样	⑥⑫⑬⑭⑮⑯纹样要素构成边饰纹样

（三）"田型-1"骨骼纹样实例解析（表3-16）

表3-16　"田型-1"骨骼纹样实例解析

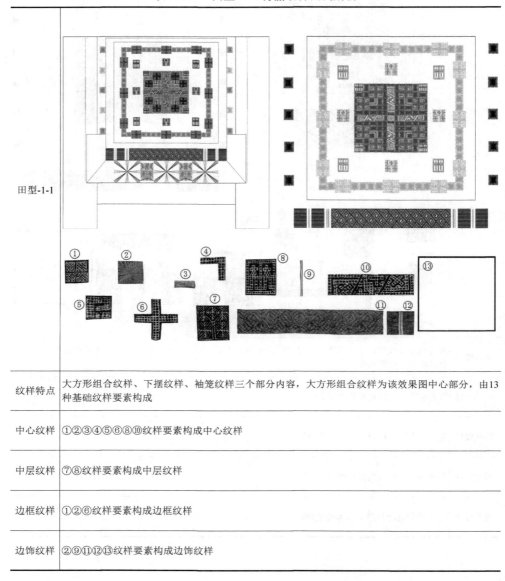

纹样特点	大方形组合纹样、下摆纹样、袖笼纹样三个部分内容，大方形组合纹样为该效果图中心部分，由13种基础纹样要素构成
中心纹样	①②③④⑤⑥⑧⑩纹样要素构成中心纹样
中层纹样	⑦⑧纹样要素构成中层纹样
边框纹样	①②⑥纹样要素构成边框纹样
边饰纹样	②⑨⑪⑫⑬纹样要素构成边饰纹样

续表

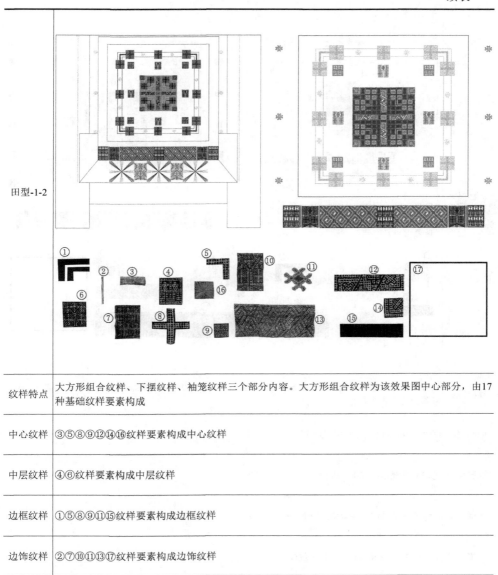

田型-1-2

纹样特点	大方形组合纹样、下摆纹样、袖笼纹样三个部分内容。大方形组合纹样为该效果图中心部分，由17种基础纹样要素构成
中心纹样	③⑤⑧⑨⑫⑭⑯纹样要素构成中心纹样
中层纹样	④⑥纹样要素构成中层纹样
边框纹样	①⑤⑧⑨⑪⑮纹样要素构成边框纹样
边饰纹样	②⑦⑩⑪⑬⑰纹样要素构成边饰纹样

续表

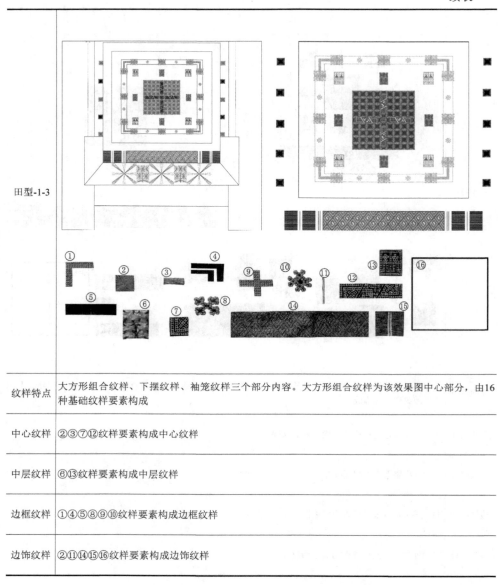

田型-1-3

纹样特点	大方形组合纹样、下摆纹样、袖笼纹样三个部分内容。大方形组合纹样为该效果图中心部分，由16种基础纹样要素构成
中心纹样	②③⑦⑫纹样要素构成中心纹样
中层纹样	⑥⑬纹样要素构成中层纹样
边框纹样	①④⑤⑧⑨⑩纹样要素构成边框纹样
边饰纹样	②⑪⑭⑮⑯纹样要素构成边饰纹样

续表

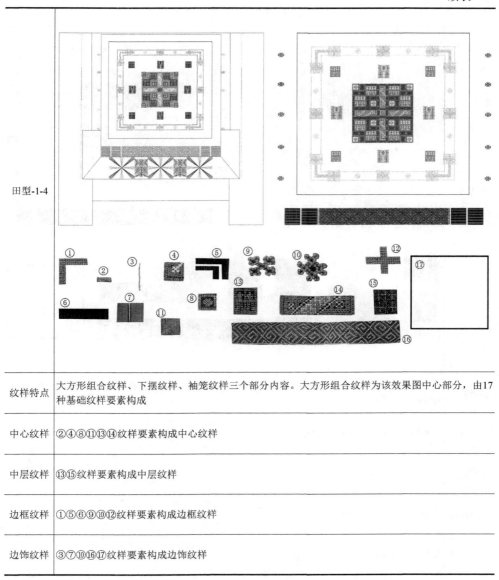

田型-1-4

纹样特点	大方形组合纹样、下摆纹样、袖笼纹样三个部分内容。大方形组合纹样为该效果图中心部分，由17种基础纹样要素构成
中心纹样	②④⑧⑪⑬⑭纹样要素构成中心纹样
中层纹样	⑬⑮纹样要素构成中层纹样
边框纹样	①⑤⑥⑨⑩⑫纹样要素构成边框纹样
边饰纹样	③⑦⑩⑯⑰纹样要素构成边饰纹样

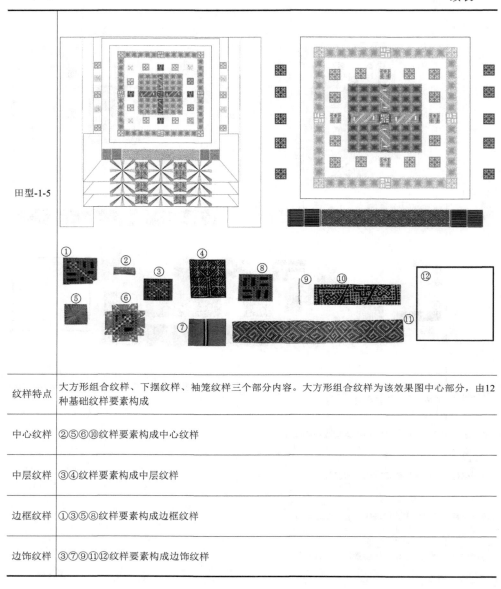

田型-1-5

纹样特点	大方形组合纹样、下摆纹样、袖笼纹样三个部分内容。大方形组合纹样为该效果图中心部分，由12种基础纹样要素构成
中心纹样	②⑤⑥⑩纹样要素构成中心纹样
中层纹样	③④纹样要素构成中层纹样
边框纹样	①③⑤⑧纹样要素构成边框纹样
边饰纹样	③⑦⑨⑪⑫纹样要素构成边饰纹样

（四）"田型 -2"骨骼纹样实例解析（表 3-17）

表 3-17　"田型 -2"骨骼纹样实例解析

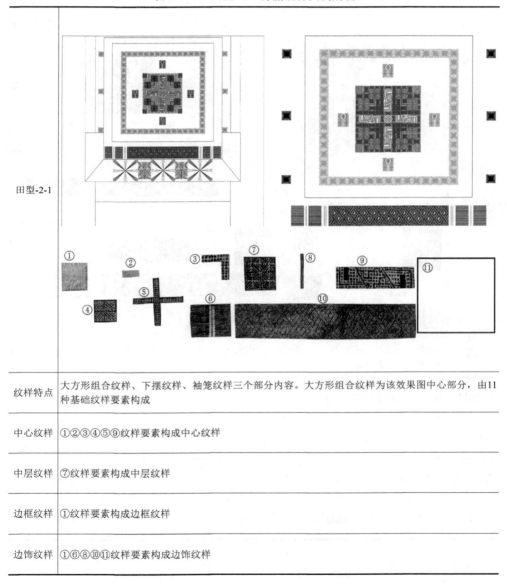

田型-2-1

纹样特点	大方形组合纹样、下摆纹样、袖笼纹样三个部分内容。大方形组合纹样为该效果图中心部分，由11种基础纹样要素构成
中心纹样	①②③④⑤⑨纹样要素构成中心纹样
中层纹样	⑦纹样要素构成中层纹样
边框纹样	①纹样要素构成边框纹样
边饰纹样	①⑥⑧⑩⑪纹样要素构成边饰纹样

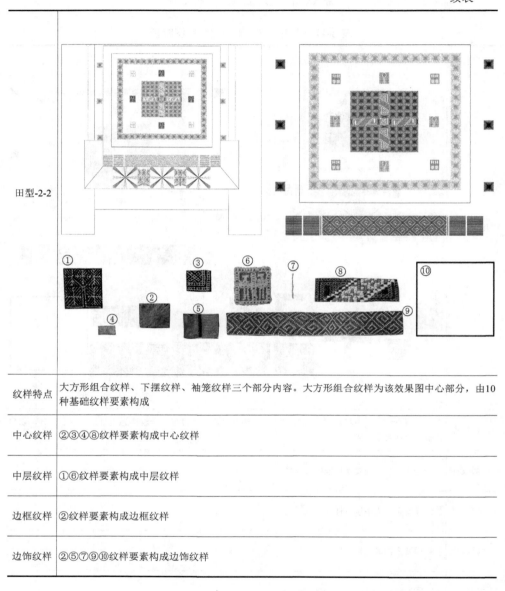

田型-2-2

纹样特点	大方形组合纹样、下摆纹样、袖笼纹样三个部分内容。大方形组合纹样为该效果图中心部分，由10种基础纹样要素构成
中心纹样	②③④⑧纹样要素构成中心纹样
中层纹样	①⑥纹样要素构成中层纹样
边框纹样	②纹样要素构成边框纹样
边饰纹样	②⑤⑦⑨⑩纹样要素构成边饰纹样

续表

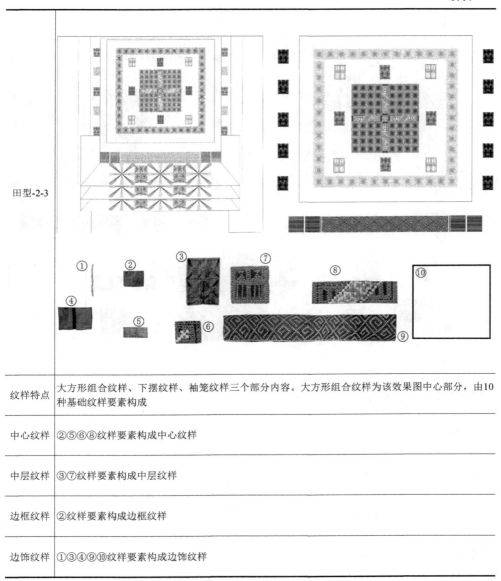

田型-2-3

纹样特点	大方形组合纹样、下摆纹样、袖笼纹样三个部分内容。大方形组合纹样为该效果图中心部分,由10种基础纹样要素构成
中心纹样	②⑤⑥⑧纹样要素构成中心纹样
中层纹样	③⑦纹样要素构成中层纹样
边框纹样	②纹样要素构成边框纹样
边饰纹样	①③④⑨⑩纹样要素构成边饰纹样

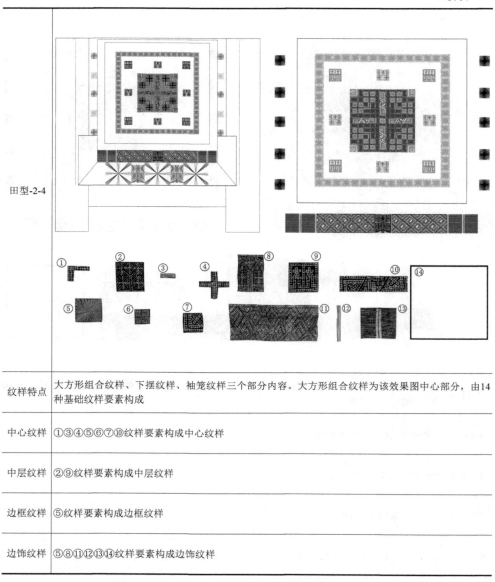

田型-2-4

纹样特点	大方形组合纹样、下摆纹样、袖笼纹样三个部分内容。大方形组合纹样为该效果图中心部分，由14种基础纹样要素构成
中心纹样	①③④⑤⑥⑦⑩纹样要素构成中心纹样
中层纹样	②⑨纹样要素构成中层纹样
边框纹样	⑤纹样要素构成边框纹样
边饰纹样	⑤⑧⑪⑫⑬⑭纹样要素构成边饰纹样

续表

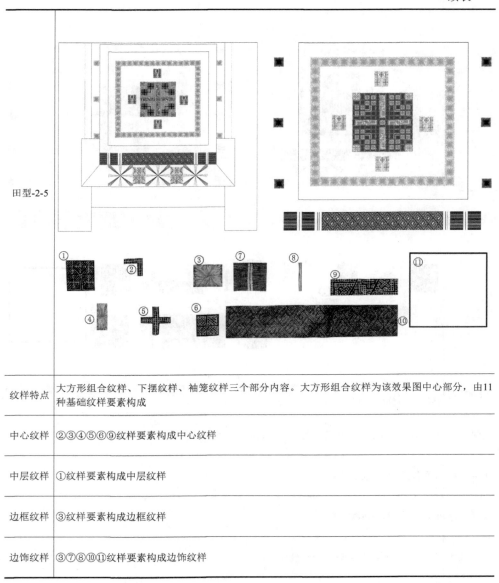

田型-2-5

纹样特点	大方形组合纹样、下摆纹样、袖笼纹样三个部分内容。大方形组合纹样为该效果图中心部分，由11种基础纹样要素构成
中心纹样	②③④⑤⑥⑨纹样要素构成中心纹样
中层纹样	①纹样要素构成中层纹样
边框纹样	③纹样要素构成边框纹样
边饰纹样	③⑦⑧⑩⑪纹样要素构成边饰纹样

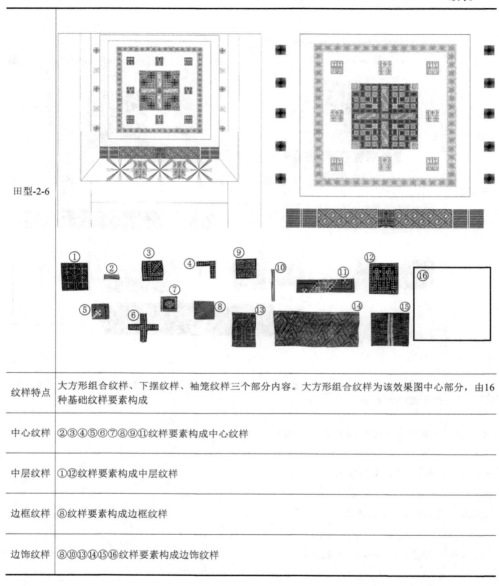

田型-2-6

纹样特点	大方形组合纹样、下摆纹样、袖笼纹样三个部分内容。大方形组合纹样为该效果图中心部分,由16种基础纹样要素构成
中心纹样	②③④⑤⑥⑦⑧⑨⑪纹样要素构成中心纹样
中层纹样	①⑫纹样要素构成中层纹样
边框纹样	⑧纹样要素构成边框纹样
边饰纹样	⑧⑩⑬⑭⑮⑯纹样要素构成边饰纹样

续表

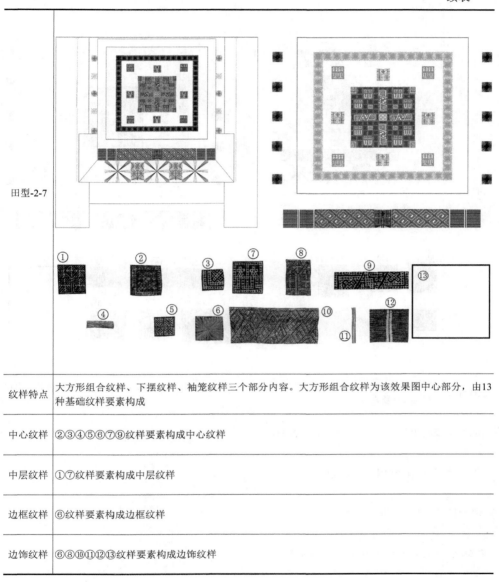

田型-2-7

纹样特点	大方形组合纹样、下摆纹样、袖笼纹样三个部分内容。大方形组合纹样为该效果图中心部分，由13种基础纹样要素构成
中心纹样	②③④⑤⑥⑦⑨纹样要素构成中心纹样
中层纹样	①⑦纹样要素构成中层纹样
边框纹样	⑥纹样要素构成边框纹样
边饰纹样	⑥⑧⑩⑪⑫⑬纹样要素构成边饰纹样

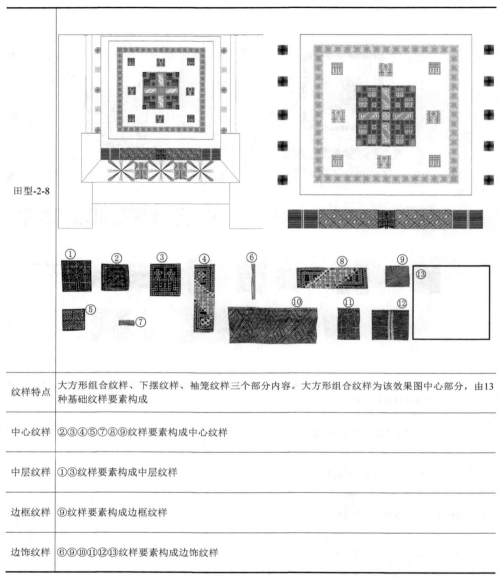

田型-2-8

纹样特点	大方形组合纹样、下摆纹样、袖笼纹样三个部分内容。大方形组合纹样为该效果图中心部分，由13种基础纹样要素构成
中心纹样	②③④⑤⑦⑧⑨纹样要素构成中心纹样
中层纹样	①③纹样要素构成中层纹样
边框纹样	⑨纹样要素构成边框纹样
边饰纹样	⑥⑨⑩⑪⑫⑬纹样要素构成边饰纹样

续表

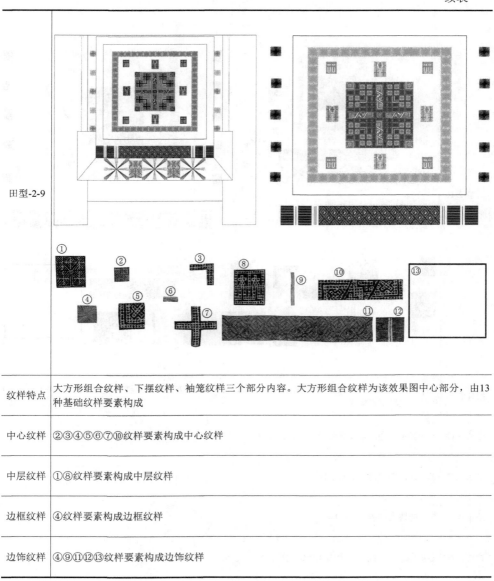

纹样特点	大方形组合纹样、下摆纹样、袖笼纹样三个部分内容。大方形组合纹样为该效果图中心部分，由13种基础纹样要素构成
中心纹样	②③④⑤⑥⑦⑩纹样要素构成中心纹样
中层纹样	①⑧纹样要素构成中层纹样
边框纹样	④纹样要素构成边框纹样
边饰纹样	④⑨⑪⑫⑬纹样要素构成边饰纹样

田型-2-9

续表

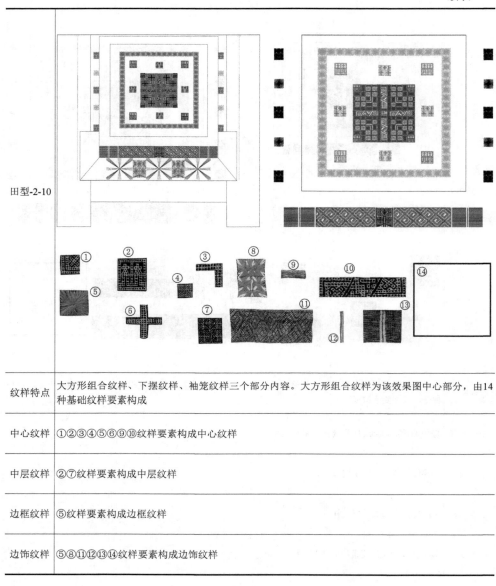

田型-2-10

纹样特点	大方形组合纹样、下摆纹样、袖笼纹样三个部分内容。大方形组合纹样为该效果图中心部分,由14种基础纹样要素构成
中心纹样	①②③④⑤⑥⑨⑩纹样要素构成中心纹样
中层纹样	②⑦纹样要素构成中层纹样
边框纹样	⑤纹样要素构成边框纹样
边饰纹样	⑤⑧⑪⑫⑬⑭纹样要素构成边饰纹样

续表

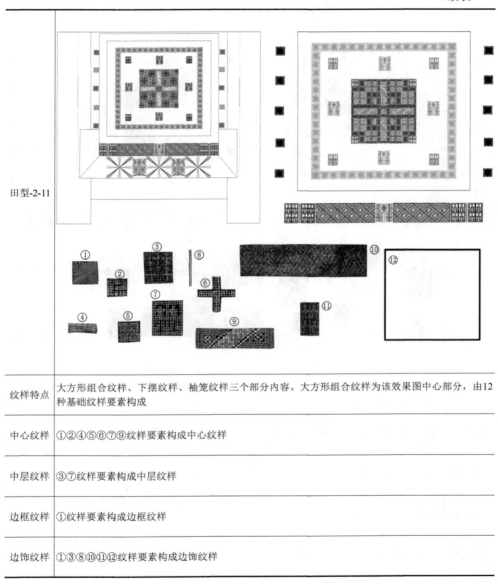

田型-2-11

纹样特点	大方形组合纹样、下摆纹样、袖笼纹样三个部分内容。大方形组合纹样为该效果图中心部分，由12种基础纹样要素构成
中心纹样	①②④⑤⑥⑦⑨纹样要素构成中心纹样
中层纹样	③⑦纹样要素构成中层纹样
边框纹样	①纹样要素构成边框纹样
边饰纹样	①③⑧⑩⑪⑫纹样要素构成边饰纹样

续表

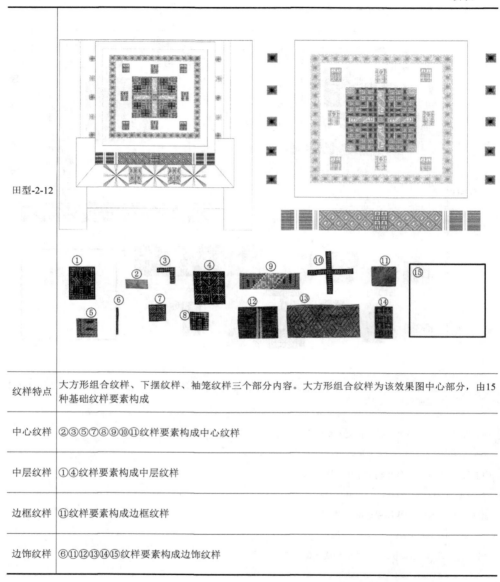

田型-2-12

纹样特点	大方形组合纹样、下摆纹样、袖笼纹样三个部分内容。大方形组合纹样为该效果图中心部分，由15种基础纹样要素构成
中心纹样	②③⑤⑦⑧⑨⑩⑪纹样要素构成中心纹样
中层纹样	①④纹样要素构成中层纹样
边框纹样	⑪纹样要素构成边框纹样
边饰纹样	⑥⑪⑫⑬⑭⑮纹样要素构成边饰纹样

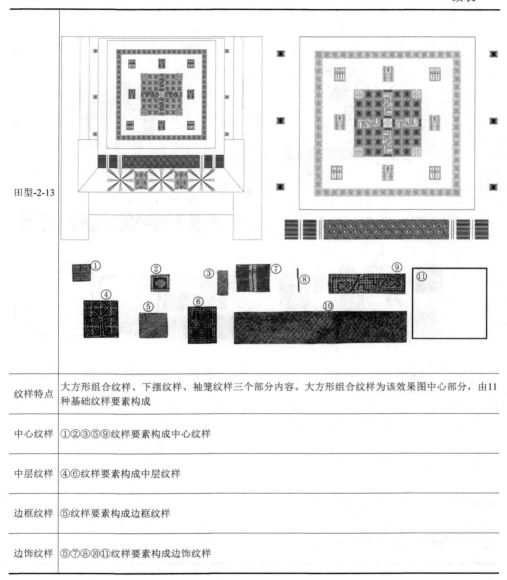

田型-2-13

纹样特点	大方形组合纹样、下摆纹样、袖笼纹样三个部分内容。大方形组合纹样为该效果图中心部分，由11种基础纹样要素构成
中心纹样	①②③⑤⑨纹样要素构成中心纹样
中层纹样	④⑥纹样要素构成中层纹样
边框纹样	⑤纹样要素构成边框纹样
边饰纹样	⑤⑦⑧⑩⑪纹样要素构成边饰纹样

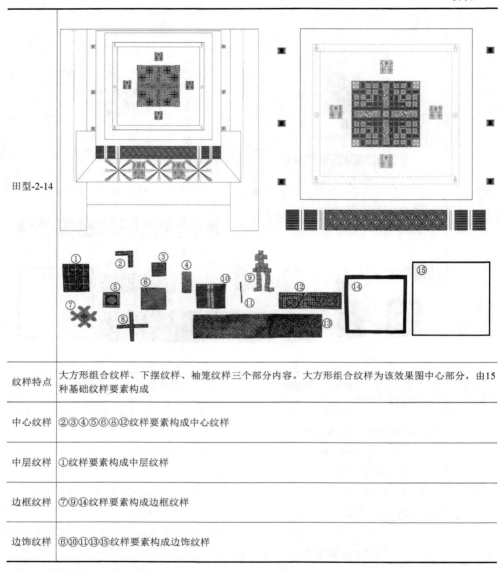

田型-2-14

纹样特点	大方形组合纹样、下摆纹样、袖笼纹样三个部分内容。大方形组合纹样为该效果图中心部分，由15种基础纹样要素构成
中心纹样	②③④⑤⑥⑧⑫纹样要素构成中心纹样
中层纹样	①纹样要素构成中层纹样
边框纹样	⑦⑨⑭纹样要素构成边框纹样
边饰纹样	⑥⑩⑪⑬⑮纹样要素构成边饰纹样

（五）女子（童）上衣的下摆纹样及骨骼实例解析

白裤瑶女子贯头衣、盛装上衣后背下摆边饰部位装饰，由"米""鸡"等基础纹样要素组成单位纹样重复（二方连续）排列（表3-18）。白裤瑶所有女子（童）上衣后背下摆纹样基本相同。

表3-18　女子（童）上衣的下摆纹样及骨骼实例

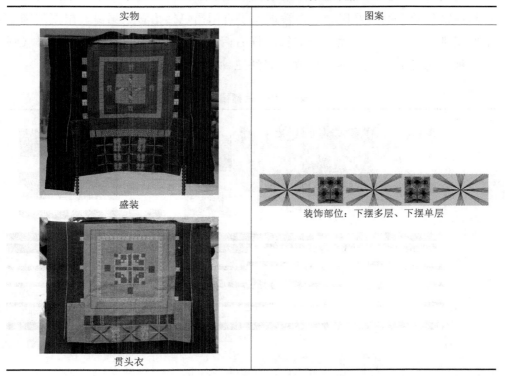

实物	图案
盛装	装饰部位：下摆多层、下摆单层
贯头衣	

（六）女子（童）百褶裙骨骼实例解析

白裤瑶百褶裙采用自织自染的手工棉、丝质布，经过天然染色而成，主纹样装饰多基于象征财富的菱形纹、回形纹，还时而延伸有"人仔""花枝"图案二方连续造型（黑色装饰纹样搭配蓝底二方连续构成），六条图案组成裙身整体：第一条（最上端）为实黑色直条无纹样单位纹定位造型，为手针锁褶上腰头部分；第二条为实黑色直条无纹样与黑色直条纹样交错定位造型；第三条为两条相同实黑色直条无纹样交错定位造型；第四条为两条不同宽度黑色直条单位纹样交错定位造型；第五条为一条同宽度黑色直条单位纹样定位造型；第六条为一条同宽度实黑色直条单位纹样定位造型（为裙边布托）。

白裤瑶百褶裙图案整体与族群漫长的历史记忆息息相关。他们一直被称为"过山瑶"，一度没有固定的居住点，往往"食尽一山，则迁他山"，过着漂泊不定、居无定所的生活。菱形纹、回形纹和二方连续延伸"人仔""花枝"图案，整体是白裤瑶祖祖辈辈"过山"的象征，反映了白裤瑶人"期待后来的迁徙路径与财富伴随"的美好愿景。白裤瑶女子百褶裙包括裙腰、裙身、裙摆装饰三个要素部分，裙片、裙摆部分装饰纹样有两种：2～6岁的女孩裙子纹样（画法两种）；6岁以上成人裙子纹样（画法三种）（表3-19）。

表 3-19　百褶裙纹样

成人百褶裙1	
裙摆纹样	
纹样特点	裙身纹样是由菱形结构中填充回形纹并有序排列、回形纹竖向直线排列、两端装饰人仔图案构成
基础纹样	由8种基础纹样要素组成装饰画面构成组合纹样

续表

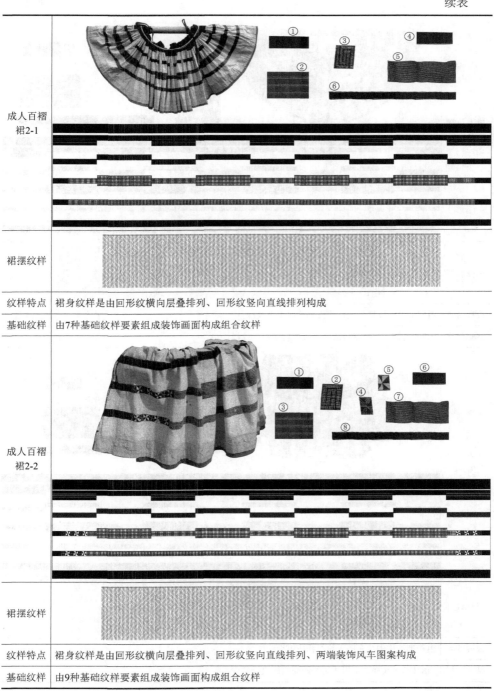

成人百褶裙2-1	
裙摆纹样	
纹样特点	裙身纹样是由回形纹横向层叠排列、回形纹竖向直线排列构成
基础纹样	由7种基础纹样要素组成装饰画面构成组合纹样
成人百褶裙2-2	
裙摆纹样	
纹样特点	裙身纹样是由回形纹横向层叠排列、回形纹竖向直线排列、两端装饰风车图案构成
基础纹样	由9种基础纹样要素组成装饰画面构成组合纹样

续表

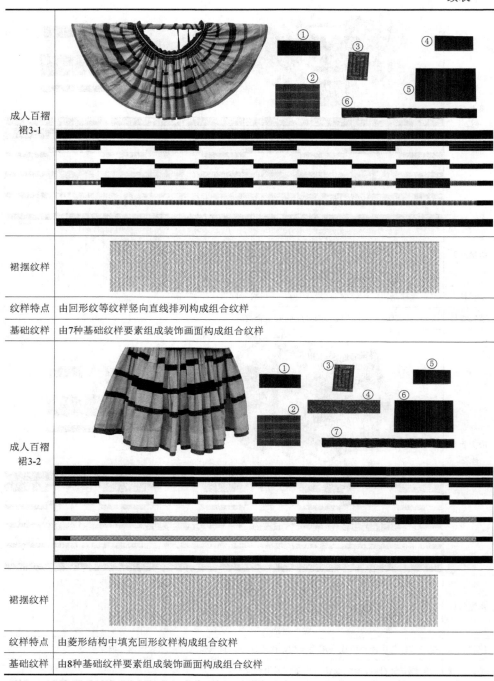

成人百褶裙3-1	
裙摆纹样	
纹样特点	由回形纹等纹样竖向直线排列构成组合纹样
基础纹样	由7种基础纹样要素组成装饰画面构成组合纹样
成人百褶裙3-2	
裙摆纹样	
纹样特点	由菱形结构中填充回形纹样构成组合纹样
基础纹样	由8种基础纹样要素组成装饰画面构成组合纹样

续表

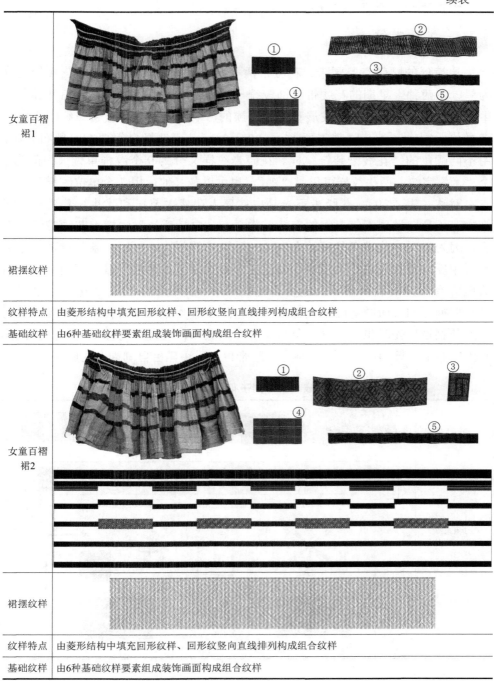

女童百褶裙1	
裙摆纹样	
纹样特点	由菱形结构中填充回形纹样、回形纹竖向直线排列构成组合纹样
基础纹样	由6种基础纹样要素组成装饰画面构成组合纹样
女童百褶裙2	
裙摆纹样	
纹样特点	由菱形结构中填充回形纹样、回形纹竖向直线排列构成组合纹样
基础纹样	由6种基础纹样要素组成装饰画面构成组合纹样

三、配饰纹样

（一）腰带纹样

白裤瑶的腰带有黑腰带、花腰带两种（黑腰带无纹样装饰），花腰带又分为黑、白两种。早期的花腰带装饰较统一，如基本采用黄、白、绿三种颜色为主装饰基调。随着社会的发展和周边民族的影响，白裤瑶花腰带花纹图案日趋多样化。制作一条花腰带需要 15 ～ 20 天时间，可选择自织白布、黑布为底，用不同颜色的绣花线来装饰纹样。花腰带纹样又分为 9 个纹样单位（中间为 3 个"米"字纹，两头纹样可以是"鸡"，也可以是其他，用 4 个单位纹样隔开），左右对称（表 3-20）。花腰带不光是白裤瑶人在盛大节日和葬礼时着盛装的配饰物，还是白裤瑶青年男女的定情信物之一。白裤瑶族群中拥有花腰带的人不多，因为对于一些家境贫寒的人来说，受经济的制约，想做一条花腰带十分困难。相反，拥有的花腰带越多，表明其家庭越富裕。时至今日，花腰带在不同的地方有一定的装饰差异，主要表现在图案和颜色上的微小变化。在里湖一带，白裤瑶妇女所绣花腰带大都是选择自织白布为底布；荔波的白裤瑶妇女制作的花腰带早先时也是选择白色自织棉布为底布，现在却选择用自制的黑色棉布为底布；八圩的白裤瑶妇女制作花腰带也是采用黑色自制棉布为底布。

表 3-20 男子花腰带纹样

男子花腰带1

纹样特点	由中心纹样 、边框纹样 构成
中心纹样	②③④⑤⑥⑨⑩纹样要素组成中心纹样
边框纹样	①⑦⑧⑪纹样要素组成边框纹样

纹样特点	由中心纹样 、边框纹样 构成
中心纹样	②⑤⑥⑩⑪⑭⑮⑯⑰纹样要素组成中心纹样
边框纹样	①③④⑦⑧⑨⑫⑬⑱⑲纹样要素组成边框纹样

纹样特点	中心纹样 、边框纹样 构成
中心纹样	②③④⑥⑧⑨⑪⑫纹样要素组成中心纹样
边框纹样	①⑤⑦⑩⑬纹样要素组成边框纹样

续表

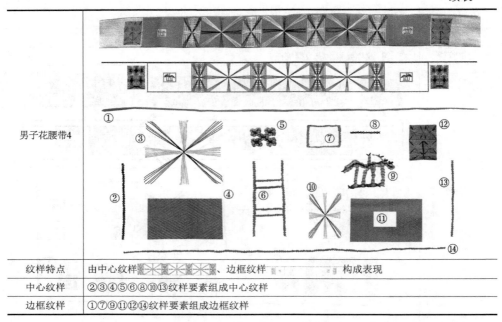

男子花腰带4	（图示）
纹样特点	由中心纹样▨▨▨▨、边框纹样━━━━构成表现
中心纹样	②③④⑤⑥⑧⑩⑬纹样要素组成中心纹样
边框纹样	①⑦⑨⑪⑫⑭纹样要素组成边框纹样

（二）绑腿带纹样

　　白裤瑶绑腿由大绑布、小绑布与绑腿带三个部分组成。据瑶民介绍，白裤瑶男女交往时，女子都会精心绣制绑腿送给心仪的男子用来表达自己的爱慕之情。在女方出嫁之时，女方家人为了表达对女儿及女婿婚后生活的祝福之情，都会亲手绣制绑腿作为嫁妆。婚嫁之时，绑腿会和刀、伞捆绑在一起，由送亲队伍中的人扛着，护送新娘直至新郎家中，用以辟邪。女子结婚以后，如果没有孕育子女，就可以将绑腿带送给娘家的舅舅或兄弟等人，娘家人会剪出一双花纸放入女子衣物内，女子要撑着伞回到婆家，此时绑腿带更是作为一种求子的信物，承载着女子养育子女的愿望。

　　白裤瑶男、女、童绑腿带纹样是以自织黑布为底布，纹样骨骼是由三个"米"字纹配底纹为中心纹样，"鸡"为边框纹样二方连续组合而成，如表3-21所示。

表 3-21　绑腿带纹样

绑腿带纹样	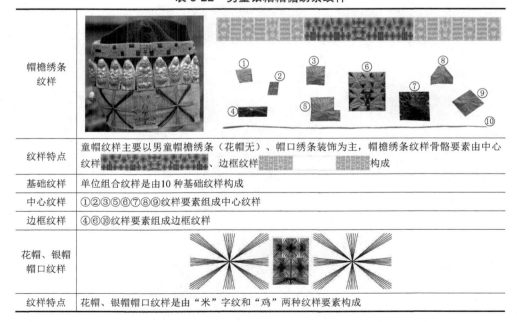		
纹样特点	由中心纹样 🔆🔆🔆 、边框纹样 ▨▨ 构成		
基础纹样	单位组合纹是由7种基础纹样构成		
中心纹样	②④纹样要素组成中心纹样		
边框纹样	①③⑤⑥⑦纹样要素组成边框纹样		

（三）童帽纹样

白裤瑶童帽有银帽、花帽、黑帽三种形制，花帽是银帽的基础。银帽、花帽两种童帽形制中，除帽檐绣条男童银帽独有外，帽口纹样装饰完全相同。

白裤瑶童帽纹样主要以男童帽檐绣条（花帽无）、帽口绣条装饰为主，花帽、银帽帽口纹样是由"米"字纹和"鸡"两种纹样要素组成单位纹样并重复排列完成装饰，如表 3-22 所示。

表 3-22　男童银帽帽檐绣条纹样

帽檐绣条纹样	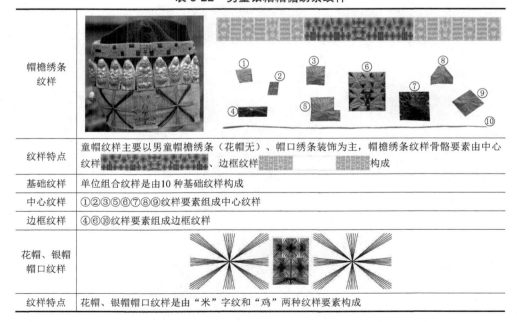		
纹样特点	童帽纹样主要以男童帽檐绣条（花帽无）、帽口绣条装饰为主，帽檐绣条纹样骨骼要素由中心纹样 ▨▨ 、边框纹样 ▨▨ 构成		
基础纹样	单位组合纹样是由10种基础纹样构成		
中心纹样	①②⑤⑥⑦⑧⑨纹样要素组成中心纹样		
边框纹样	④⑥⑩纹样要素组成边框纹样		
花帽、银帽帽口纹样			
纹样特点	花帽、银帽帽口纹样是由"米"字纹和"鸡"两种纹样要素构成		

（四）娃崽背带纹样

娃崽背带是将孩子裹起来竖立着背伏在母亲背上的辅助品。由白裤瑶自织白布染色、刺绣缝制而成。造型整体呈"T"字形，由"背布"、"带布"与"背带挡片"三个部分组成。背带大体呈单一的蓝色，"背布"则装饰有精美的画、染、绣"大方形"骨骼纹样。由于色彩、形制、刺绣图案的构成差异，背带呈现出风格相同但各具特色的特点。白裤瑶娃崽背带纹样特点保持了"大方形图形"纹样的基本特征。但我们对比分析发现，娃崽背带"大方形图形"纹样只局限于以"田型"纹骨骼改变局部纹样进行造型，如：以"人仔"、"鸡仔"或"米"字图案为中心向四方发散延伸，延伸处绘制有"人仔"图案或"鸡仔"图案，旁边布满"嘎拉伯"或"朵丫"，再向外则是由"米"字纹和"剪刀"纹组成的有规律的四周对称的框架造型。由此可见，娃崽背带所包含的固定纹样排列方式，同样具备相对程式化的特点。

1. 娃仔背带纹样骨骼

娃仔背带是白裤瑶女子背小孩的辅助工具，装饰纹样出现在背部中心部位，纹样主骨骼呈"田型"结构形式。如图3-5所示，其纹样是由

中心纹样、　　中层纹样、　　边框纹样、　　边饰纹样四个部分

组合而成。

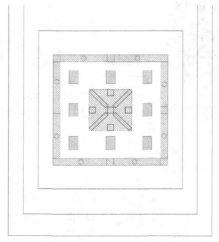

图3-5　"田型"组合纹样骨骼图

2. 娃仔背带纹样案例（表 3-23）

表 3-23　娃仔背带纹样案例

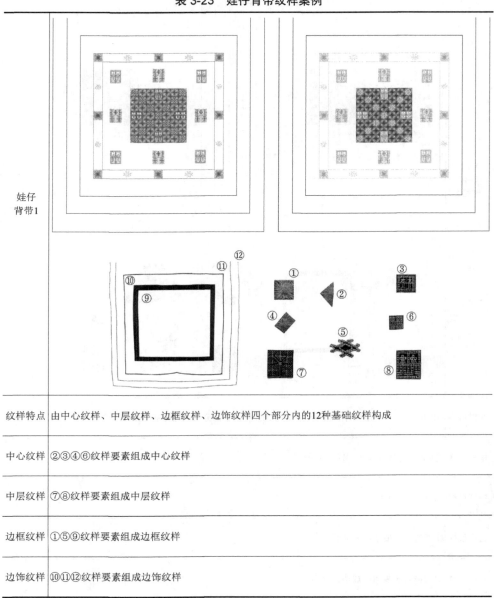

娃仔背带1	
纹样特点	由中心纹样、中层纹样、边框纹样、边饰纹样四个部分内的12种基础纹样构成
中心纹样	②③④⑥纹样要素组成中心纹样
中层纹样	⑦⑧纹样要素组成中层纹样
边框纹样	①⑤⑨纹样要素组成边框纹样
边饰纹样	⑩⑪⑫纹样要素组成边饰纹样

白裤瑶服饰技艺与文化

续表

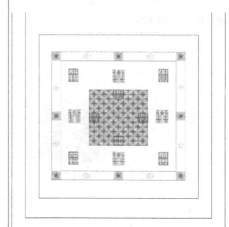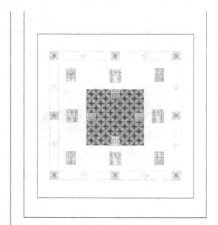

娃仔
背带2

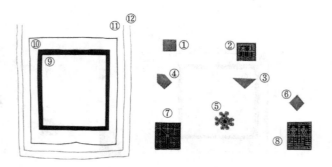

纹样特点	由中心纹样、中层纹样、边框纹样、边饰纹样四个部分内的12种基础纹样构成
中心纹样	②③④⑥纹样要素组成中心纹样
中层纹样	⑦⑧纹样要素组成中层纹样
边框纹样	①⑤⑨纹样要素组成边框纹样
边饰纹样	⑩⑪⑫纹样要素组成边饰纹样

续表

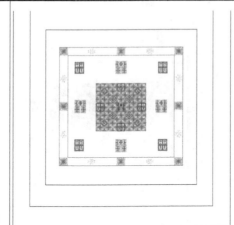 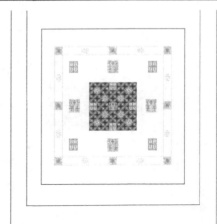

娃仔
背带3

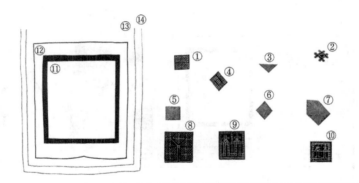

纹样特点	由中心纹样、中层纹样、边框纹样、边饰纹样四个部分内的14种基础纹样构成
中心纹样	①③④⑥⑦⑧⑩纹样要素组成中心纹样
中层纹样	⑧⑨纹样要素组成中层纹样
边框纹样	②⑤⑪纹样要素组成边框纹样
边饰纹样	⑫⑬⑭纹样要素组成边饰纹样

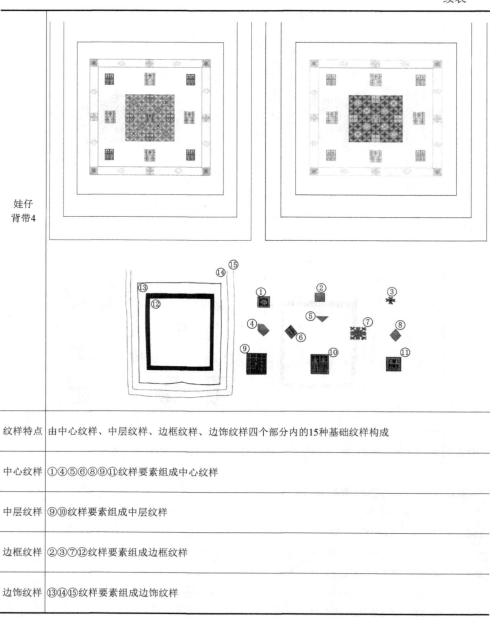

娃仔
背带4

纹样特点	由中心纹样、中层纹样、边框纹样、边饰纹样四个部分内的15种基础纹样构成
中心纹样	①④⑤⑥⑧⑨⑪纹样要素组成中心纹样
中层纹样	⑨⑩纹样要素组成中层纹样
边框纹样	②③⑦⑫纹样要素组成边框纹样
边饰纹样	⑬⑭⑮纹样要素组成边饰纹样

续表

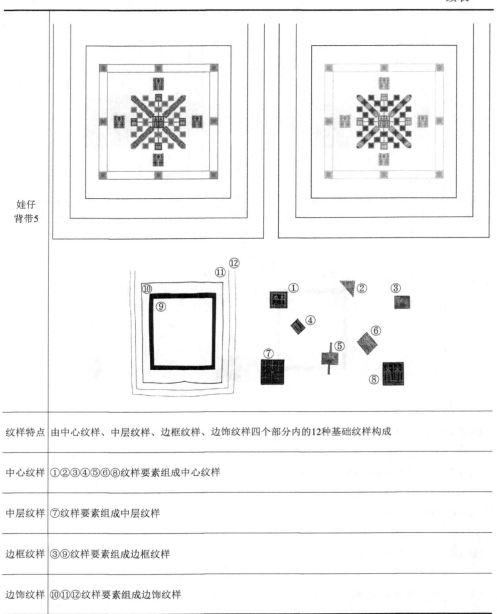

纹样特点	由中心纹样、中层纹样、边框纹样、边饰纹样四个部分内的12种基础纹样构成
中心纹样	①②③④⑤⑥⑧纹样要素组成中心纹样
中层纹样	⑦纹样要素组成中层纹样
边框纹样	③⑨纹样要素组成边框纹样
边饰纹样	⑩⑪⑫纹样要素组成边饰纹样

娃仔
背带5

续表

娃仔
背带6

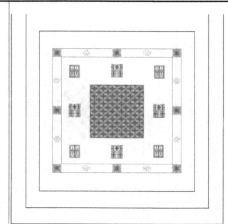

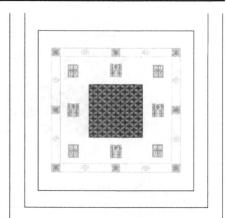

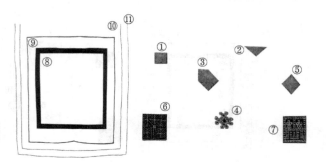

纹样特点	由中心纹样、中层纹样、边框纹样、边饰纹样四个部分内的11种基础纹样构成
中心纹样	②③⑤纹样要素组成中心纹样
中层纹样	⑥⑦纹样要素组成中层纹样
边框纹样	①④⑧纹样要素组成边框纹样
边饰纹样	⑨⑩⑪纹样要素组成边饰纹样

四、葬礼饰物纹样

丧葬作为一种社会民俗和文化现象，深受特定的宗教信仰、思想感情、历史传统、社会发展水平及经济活动方式等多方面因素的影响，更直接地体现着人们的人生价值观与生死观。在民俗学著作中，一般都把丧葬列入人生礼仪之中，看做人生的最后一项"通过礼仪"，标志着人生旅程的终结。[①]

白裤瑶丧葬习俗延续了传统，方式独特，环节众多，除了第一章第二节中提到的六大步骤外，还有盖天堂被、送葬礼画片等习俗。葬礼画片是参礼者送给死者的陪葬品。一般寨子里每逢有人下葬，亲戚朋友都会拿出一种粘膏画、染的画片来参加葬礼，葬礼画片根据亲友与死者的亲疏远近关系来选择是否刺绣图案。画片是用来盖在死者脸上的陪葬品，且画片区分男女。呈黑、蓝、橙色"井型"骨骼，中间为正方形纹样，四周画有四个长方形纹样的画片是女子的陪葬品；画片同样是黑、蓝、橙色，主体图案是"田型"纹样，画片上由四个正方形"母"纹样构成"公"纹样，并在四个"母"纹样中间绣上或画上"人仔""鸡仔"纹样的不同种组合，这是男子的陪葬品。结合采集到的葬礼画片式样，我们发现男女画片都是在一个特定程式下固定纹样的不同组合，这和女子背部纹样、娃崽背带纹样的组合形式相同。

（一）天堂被纹样

天堂被是白裤瑶举行砍牛送葬仪式中盖在棺材上的装饰品。家中有人去世后，死者放进棺材里，盖上棺材盖，棺材抬出大门口时，将天堂被盖在死者棺材上，意为送死者上天堂。直到棺材抬到墓地，死者下葬之前，再将天堂被从棺材上拿下来带回家中，旨在悼念死者，表达在世的人祈祷死者来世"上天堂"的祝福。

1. 天堂被纹样骨骼

如图 3-6 所示，白裤瑶天堂被骨骼为第一层纹样 和第二层纹样组合的二方连续纹样骨骼。

---

① 安丽哲. 长角苗礼俗服饰考察 [J]. 内蒙古大学艺术学院学报，2010（2）：60-66.

图 3-6　天堂被纹样骨骼图

2. 天堂被纹样实物案例（表 3-24）

表 3-24　天堂被纹样实物案例

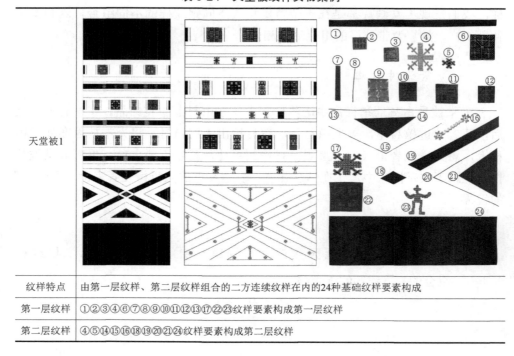

天堂被1	（见上图）	
纹样特点	由第一层纹样、第二层纹样组合的二方连续纹样在内的24种基础纹样要素构成	
第一层纹样	①②③④⑥⑦⑧⑨⑩⑪⑫⑬⑰㉒㉓纹样要素构成第一层纹样	
第二层纹样	④⑤⑭⑮⑯⑱⑲⑳㉑㉔纹样要素构成第二层纹样	

续表

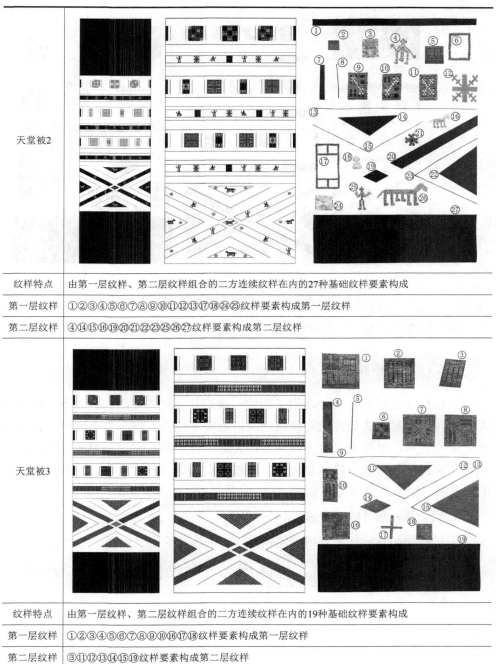

天堂被2		
纹样特点	由第一层纹样、第二层纹样组合的二方连续纹样在内的27种基础纹样要素构成	
第一层纹样	①②③④⑤⑥⑦⑧⑨⑩⑪⑫⑬⑰⑱㉔㉕纹样要素构成第一层纹样	
第二层纹样	④⑭⑮⑯⑲⑳㉑㉒㉓㉕㉖㉗纹样要素构成第二层纹样	
天堂被3		
纹样特点	由第一层纹样、第二层纹样组合的二方连续纹样在内的19种基础纹样要素构成	
第一层纹样	①②③④⑤⑥⑦⑧⑨⑩⑯⑰⑱纹样要素构成第一层纹样	
第二层纹样	③⑪⑫⑬⑭⑮⑲纹样要素构成第二层纹样	

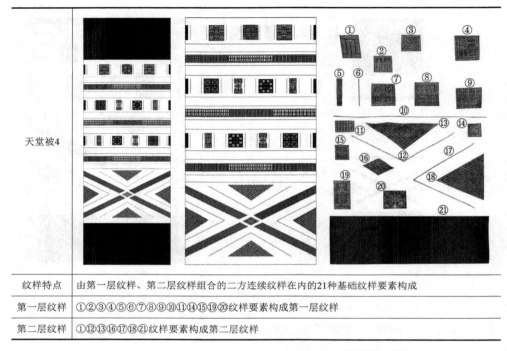

天堂被4	
纹样特点	由第一层纹样、第二层纹样组合的二方连续纹样在内的21种基础纹样要素构成
第一层纹样	①②③④⑤⑥⑦⑧⑨⑩⑪⑭⑮⑲⑳纹样要素构成第一层纹样
第二层纹样	①⑫⑬⑯⑰⑱㉑纹样要素构成第二层纹样

（二）男子葬礼画片

从白裤瑶当地的传说中我们了解到，该画片是死者在阴间的帽子。据当地人介绍，白裤瑶人认为人死后会在阴间游走很多地方，有一处名叫"烈日山"，此处阳光炙热，太阳光在这里汇聚照得人睁不开眼睛，需要戴帽子遮住光芒才能顺利通过，且帽子不停地被烧毁，所以当白裤瑶有人过世时，与其生前交好的亲朋会送很多陪葬画片。①

1. 男子葬礼画片纹样骨骼

男子葬礼画片纹样多以组合纹样呈"田型"骨骼形式出现。如图 3-7 所示，其纹样是由 ▦ 中层纹样、▦▦ 四角纹样、▭ 边饰纹样三部分组合而成。

---

① 陆朝金，白裤瑶服饰文化的解读，柳州师专学报，第 27 卷第 4 期，2012 年 8 月，第 5 页

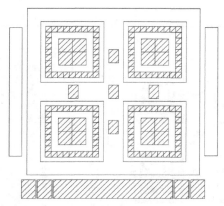

图 3-7 "田型"组合纹样骨骼图

2. 男子葬礼画片纹样实物案例（表 3-25）

表 3-25　男子葬礼画片纹样实物案例

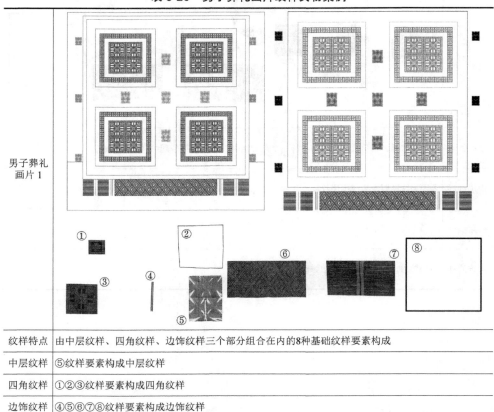

纹样特点	由中层纹样、四角纹样、边饰纹样三个部分组合在内的8种基础纹样要素构成
中层纹样	⑤纹样要素构成中层纹样
四角纹样	①②③纹样要素构成四角纹样
边饰纹样	④⑤⑥⑦⑧纹样要素构成边饰纹样

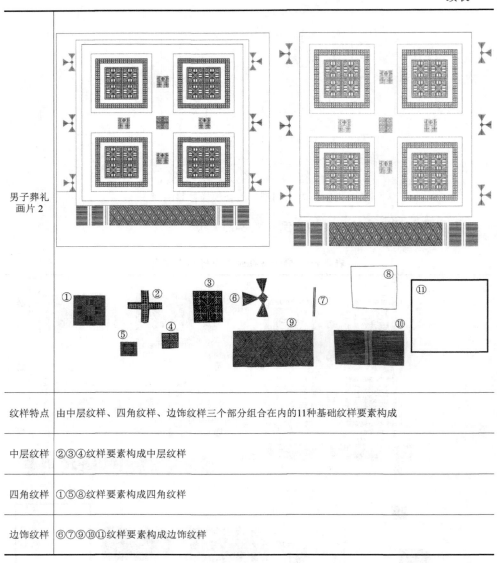

男子葬礼
画片 2

纹样特点	由中层纹样、四角纹样、边饰纹样三个部分组合在内的11种基础纹样要素构成
中层纹样	②③④纹样要素构成中层纹样
四角纹样	①⑤⑧纹样要素构成四角纹样
边饰纹样	⑥⑦⑨⑩⑪纹样要素构成边饰纹样

续表

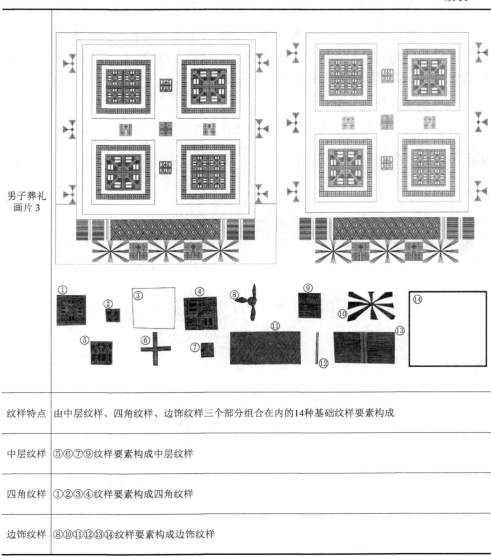

男子葬礼 画片3	
纹样特点	由中层纹样、四角纹样、边饰纹样三个部分组合在内的14种基础纹样要素构成
中层纹样	⑤⑥⑦⑨纹样要素构成中层纹样
四角纹样	①②③④纹样要素构成四角纹样
边饰纹样	⑧⑩⑪⑫⑬⑭纹样要素构成边饰纹样

（三）女子葬礼画片

　　白裤瑶女子葬礼上，人们根据关系远近赠送画片给予死者陪葬。该画片是一个"井"字把一个平面分成了九个面，而在每个面上画上对称相同的图案。从其分配的格局里可看出，中间为大，八方为小。

　　1. 女子葬礼画片骨骼

　　白裤瑶女子葬礼画片纹样多以组合纹样呈"井型"骨骼形式出现。如图 3-8 所示，其纹样是由 ▣ 中心纹样、 ╬ 四角纹样、 ▣ 周边纹样、 ▬ 边饰纹样四部分组合而成。

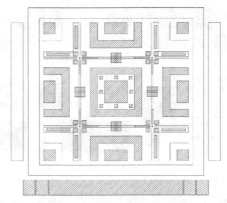

图 3-8　"井型"组合纹样骨骼图

2. 女子葬礼画片纹样实物案例（表 3-26）

表 3-26　女子葬礼画片纹样实物案例

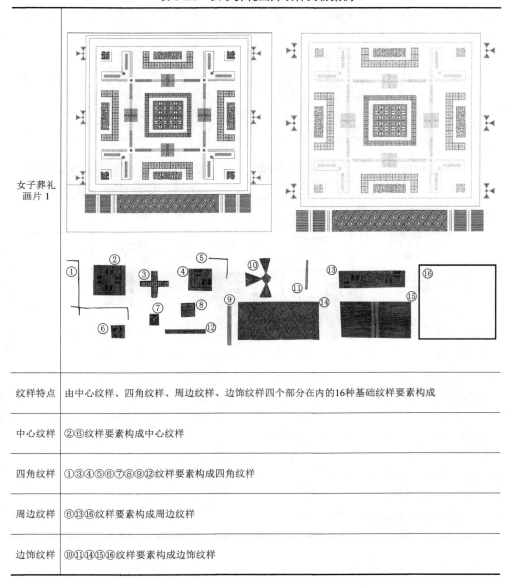

纹样特点	由中心纹样、四角纹样、周边纹样、边饰纹样四个部分在内的16种基础纹样要素构成
中心纹样	②⑥纹样要素构成中心纹样
四角纹样	①③④⑤⑥⑦⑧⑨⑫纹样要素构成四角纹样
周边纹样	⑥⑬⑯纹样要素构成周边纹样
边饰纹样	⑩⑪⑭⑮⑯纹样要素构成边饰纹样

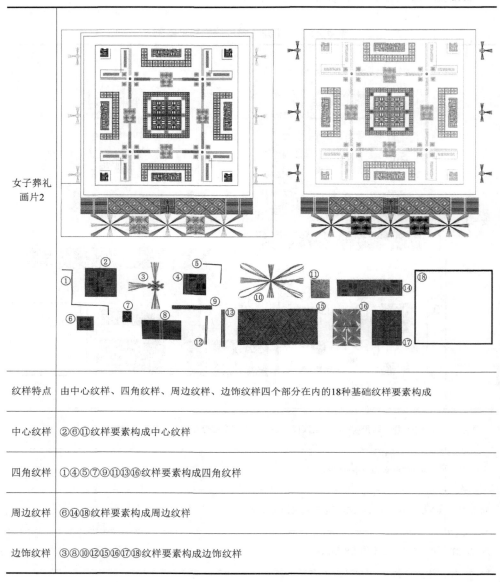

女子葬礼
画片2

纹样特点	由中心纹样、四角纹样、周边纹样、边饰纹样四个部分在内的18种基础纹样要素构成
中心纹样	②⑥⑪纹样要素构成中心纹样
四角纹样	①④⑤⑦⑨⑪⑬⑯纹样要素构成四角纹样
周边纹样	⑥⑭⑱纹样要素构成周边纹样
边饰纹样	③⑧⑩⑫⑮⑯⑰⑱纹样要素构成边饰纹样

后　记

　　身在民族高校，民艺文化研究一直是我关注的话题。

　　对白裤瑶族群文化的研究，起初得益于罗彬教授的引导，让我对白裤瑶族群现存社会形态以及男子穿奇特白裤等服饰习俗倍加关注。作为一名从服装设计师转型的民族高校教学工作者，出于对服饰研究的热情，我自然更关心这种服饰习俗产生的源头。从文献资料的查阅、博物馆实物观摩，到亲自带学生到广西、贵州白裤瑶族群居住地田野调查，用看、听、参与等方式体会白裤瑶族群生活的同时，白裤瑶族群文化一次又一次让我着迷。

　　每次实地考察，与该族群人们同吃同住，身体力行地感受当地的风土人情与人文情怀，在参与、体验中我们领略了高山的连绵起伏、峰峦重叠，丘陵过渡斜坡地带地形的起伏不平；走近了以同一血缘为纽带来组织生产生活、主持宗教仪式、调解纠纷宗族"油锅"组织；见到了表达族群集体感情、维系族群心理的象征重器"铜鼓"；参观了由立柱与储存仓两个部分构成，储存仓四周用竹篱笆装成圆形或方形，顶上盖以茅草，立柱掩埋于土中的智慧的粮仓；体验了击鼓造势、砍牛祭祀、跳猴棍舞、长队送葬的葬礼；近距离看到了及膝白裤，背绣大印、像雄鸡一样造型的服饰形制……白裤瑶族群独特的文化以各种形式展现出一幅幅具有个性美的画卷。

　　作为一个长期为求生存，在实践中发展的山地民族，白裤瑶族群文化形成有着悠久的历史。我们希望通过调研过程中的体验与感悟，从传承的角度对白裤瑶服饰文化的发展历程，以及白裤瑶族群憨厚、朴实、勤劳、勇敢、爱国的族群精神进行归纳整理，为白裤瑶族群文化研究尽微薄之力。

周少华

2018 年 6 月 29 日